项目资助：2019 年江西省高校人文社会科学重点研究基地项目

（项目批准号：JD18016）

环境政策影响经济高质量发展的
效应评价与机制研究

温湖炜　等著

中国财经出版传媒集团

经济科学出版社

Economic Science Press

图书在版编目（CIP）数据

环境政策影响经济高质量发展的效应评价与机制研究/
温湖炜等著 . —北京：经济科学出版社，2020. 12
ISBN 978 - 7 - 5218 - 2171 - 0

Ⅰ. ①环… Ⅱ. ①漫… Ⅲ. ①环境政策 - 影响 - 中国
经济 - 经济发展 - 研究 Ⅳ. ①X - 012②F124

中国版本图书馆 CIP 数据核字（2020）第 245214 号

责任编辑：宋 涛
责任校对：李 建
责任印制：李 鹏

环境政策影响经济高质量发展的效应评价与机制研究
温湖炜 等著
经济科学出版社出版、发行 新华书店经销
社址：北京市海淀区阜成路甲 28 号 邮编：100142
总编部电话：010 - 88191217 发行部电话：010 - 88191522
网址：www. esp. com. cn
电子邮箱：esp@ esp. com. cn
天猫网店：经济科学出版社旗舰店
网址：http: //jjkxcbs. tmall. com
北京季蜂印刷有限公司印装
710×1000 16 开 10.25 印张 160000 字
2021 年 3 月第 1 版 2021 年 3 月第 1 次印刷
ISBN 978 - 7 - 5218 - 2171 - 0 定价：36.00 元
（图书出现印装问题，本社负责调换。电话：010 - 88191510）
（版权所有 侵权必究 打击盗版 举报热线：010 - 88191661
QQ：2242791300 营销中心电话：010 - 88191537
电子邮箱：dbts@ esp. com. cn）

Contents | **目　录**

第一章

中国工业部门绿色全要素
生产率的测度与分析

第一节　问题的提出

全要素生产率的提高是经济长期持续增长的源泉，是技术进步推动经济发展的综合反映。作为重要的经济概念和经济指标，绿色全要素生产率的测算与分析具有重要的理论与现实意义。随机前沿方法作为测度绿色全要素生产率的正统计量经济学方法，在模型检验和结果评价上有着天然的优势，在生产率分析领域得到广泛运用。随机前沿方法也存在众多缺陷而广受批评，比如无效率项的概率分布和结构形式如何设定、两步法以及忽视异方差潜在的内生性问题、各生产单元是否存在个体异质性以及个体异质性与持久无效率的分离。随机前沿方法的理论文献（Kumbhakar and Heshmati，1995；Greene，2004；Greene，2005；Emvalomatis，2012；Wang and Ho，2010；Chen et al.，2014；Colombi et al.，2014）。就上述问题展开了大量讨论与研究，推动了随机前沿方法的理论不断完善。国内实证研究者对随机前沿理论与方法发展的追踪与应用相对滞后：一是对模型设定的选择停留在艾格纳等（Aigner et al.，1977）、巴蒂斯和科利（Battese and Coelli，1992，1995）等经典文献的方法基础上；二是由于实证研究者缺乏对随机前沿理论与方法发展的理解，忽视模型设定对生产效率、技术进步等测算结果含义的影响，文献中频繁出现随机前沿方法的错误使用和测算结果的错误解读。此外，实证研究中过度依赖随机前沿方法对绿色全要素生产率增长的分解，将绿色全要素生产率增长分解为技术进步、生产效率变化等效应进而替代现实经济世界的技术进步与生产效率变化。库姆巴卡尔和洛弗尔（Kumbhakar and Lovell，2000）指出，前沿生产函数方法并不能有效分离技术进步与生产效率的变化，不同方法对前沿面拟合的差异会导致技术进步率与生产效率存在差异。阿尔瓦雷斯等（Alvarez et al.，2006）通过蒙特卡罗模拟也发现随机前沿生产方法不能有效分离技术进步与生产效率变化。

由于对随机前沿理论发展的追踪与理解不足、模型设定方法错误使用以及过度依赖模型对绿色全要素生产率增长进行分解，不同学者运用随机前沿方法对中国工业生产率分析的结论存在巨大差异。徐盈之和朱依曦（2009）采用艾格纳等（1977）的方法，假定无效率项服从半正态分布但不施加结构形式约束，测得中国制造业在1998~2005年绿色全要素生产率增速处于6.34%~6.71%的区间，技术进步率处于2.12%~3.43%区间，生产效率呈增速递减的波动上升趋势。涂正革和肖耿（2005）参照巴蒂斯和科利（1992）的方法，对无效率项结构形式施加了单调变化约束，估计出1995~2002年中国大中型工业企业绿色全要素生产率的年均增速为6.8%，其中技术进步增速约为14%，生产效率呈单调下降趋势且增速约为-7%。干春晖和郑若谷（2009）指出，采用巴蒂斯和科利（1992）设定方法估计出来的单调变化生产效率不符合中国经济条件逐年变化的事实，利用一步法随机前沿方法（Battese and Coelli，1995）测算得到中国工业在1998~2007年的绿色全要素生产率年均增速为8.17%，其中技术进步率为5.078%，生产效率总体呈波动上升趋势。尽管规模效率变化和要素配置效率变化也是全要素生产率增长的重要组成部分，但所占比例较小，可以认为生产效率变化和技术进步近似等于全要素生产率增长，因此，本章并不考虑规模效率变化和要素配置效率变化，只选择三篇代表性并且结果可靠的文献进行说明模型设定对技术进步与生产效率变化结果的影响。上述三篇代表性文献表明，生产效率变化和技术进步率的估计结果对随机前沿模型设定非常敏感。

本章系统地梳理了面板随机前沿理论与方法的发展，并诠释不同的随机前沿模型设定对生产效率、技术进步、绿色全要素生产率的测度结果及其经济含义的影响，在此基础上运用八个具有代表性面板随机前沿生产函数模型实证检验测度结果对模型设定的敏感性，进而归纳总结中国工业绿色全要素生产率行业差异与动态演进的稳健性规律。本章的主要贡献主要体现在以下两方面：（1）对面板随机前沿理论与方法的发展进行了系统的梳理，对面板随机前沿方法的不同模型设定及其含义进行了比较，为实证研究者进行面板随机前沿模型设定提供选择依据；（2）运用八个最具代表性面板随机前沿生产函数模型测算中国 36 个工业行业的绿色全要素生产率增速，进而揭示稳健可靠的工业绿色全要素生产率动态演变规律，为相关领域的实证研究提供基准文献。

第二节　面板随机前沿模型介绍

传统面板随机前沿生产函数模型的一般形式可以表示为：

$$y_{it} = \beta_0 + x'_{it}\beta + v_{it} - u_{it} \quad (i = 1, 2, \cdots, N; \ t = 1, 2, \cdots, T)$$

$$(1-1)$$

式中 v_{it} 为随机误差项，服从独立的、同方差的且均值为零的正态分布；u_{it} 是生产无效率项，与 v_{it} 相互独立；y_{it} 表示决策单元（DMU）的实际产出（取对数）；x_{it} 表示要素投入（取对数）的向量；β 表示待估未知参数向量。各个 DMU 的生产效率是实际产出与有效产出的比率，即 $TE_{it} = exp(-u_{it})$。面板随机前沿模型的设定方法主要有三个方向的发展，分别是无效率项结构形式的设定、两步法潜在内生性问题的解决、各生产单元个体异质性的处理。

一、无效率项的结构设定

无效率项的分布设定为半正态、截断正态、指数和伽马等分布，会对生产效率的数值造成较大影响，但不会对生产效率的排序造成显著影响

（Green，1990；Kumbhakar and Lovell，2002），因而本章假定无效率项服从半正态分布或截断正态分布。相较于分布设定，无效率项结构形式的设定对生产率估计的影响更大，可以归纳为三种结构形式：（1）不随时间变化的效率，即各生产单元有一个不随时间变化的无效率项；（2）有确定性趋势的时变效率，即无效率项由一个不随时间变化的随机无效率项和一个确定性时间趋势项的乘积构成；（3）无结构形式限制的时变效率，即无效率项在时间上和空间上是独立同分布。

时不变效率模型由施密特和西克尔斯（Schmidt and Sickles，1984）提出，在个体效应面板数据模型框架下测度效率，优势是不需要设定无效率项的分布，假定 $u_{it} = u_i$：

$$y_{it} = \beta_0 + x'_{it}\beta + v_{it} - u_i = \alpha_i + x'_{it}\beta + v_{it} \qquad (1-2)$$

如果个体效应为固定效应，无效率项 u_i 可以与投入要素相关；如果个体效应为随机效应，解释变量可以包含不随时间变化的要素投入，实现与生产效率的分离。个体效应被视作生产无效率的处理方式存在两个缺陷：无法区分生产单元诸如不可观测或者无法衡量的不变要素引致的个体异质性与管理活动或者生产活动的无效率；无法揭示生产效率和绿色全要素生产率随时间变化的动态演变规律，应用范围局限于短面板数据。康威尔等（Cornwell et al.，2010）在模型中引入了截面异质的时间趋势项 $\alpha_{1i}t + \alpha_{2i}t^2$，克服模型不能衡量时变生产效率的缺陷。此类模型的估计不依赖极大似然估计法，利用 LSDV、FGLS 等估计方法进行模型参数和个体效应 $\hat{\alpha}_i$ 的估计（Baltagi，2013），在此基础上利用个体效应恢复无效率项 $\hat{u}_i = \max_i \{\hat{\alpha}_i\} - \hat{\alpha}_i$。

根据文献，有确定性时间趋势的效率项设定是假定 $u_{it} = u_i G(t)$，其中 $u_i \sim N^+(0, \sigma_u^2)$。随机无效率项 u_i 能够捕获生产单元的效率本质，决定生产单元效率的排序。确定性时间趋势有两种常见的设定形式：一是巴蒂斯和科利（1992）的设定方法，$G(t) = \exp(\eta(t-T))$，即生产效率项随着时间的推移会逐渐获得改善（$\eta > 0$）或者恶化（$\eta < 0$），生产效率在时间上是单一趋势变动，不能衡量生产效率时变波动特征；二是库姆巴卡尔（1990）将无效率项时间趋势设定为更复杂的形式 $G(t) = [1 + \exp(\gamma_1 t + \gamma_2 t^2)]^{-1}$，即生产效率可以经历先恶化再改善抑或先改善再恶化的动态演进趋势。由于假定生产效率具有确定性的时间趋势，两种模型设定的测算结果并不适用

于进一步的回归分析，更加不适用于政策试点的评估分析。由于 Frontier4.1 软件中面板随机前沿模型采用了巴蒂斯和科利（1992）的设定形式，实证研究的文献中频繁出现巴蒂斯和科利（1992）方法的错误使用。

无结构形式限制的时变效率项，除了对效率项分布假定外，不对 u_i 施加结构上的限制，即面板随机前沿函数模型退变为艾格纳等（1977）提出的截面随机前沿函数模型。无结构限制的时变效率项给予了生产效率项最大的灵活性，在实证研究中的优势是可以尽可能挖掘不同生产单元效率项随时间变化的特征。

二、两步法潜在的内生性问题

为了分析生产效率的影响因素，实证研究者经常按两步进行：第一步，运用无均值和异方差约束的随机前沿方法测算生产单元的生产效率；第二步，将生产效率对非投入要素的环境影响因素进行回归分析。"两步法"的处理步骤会带来潜在的内生性问题，如果影响生产效率的环境因素与投入要素相关，那么第一阶段中复合残差项与投入要素之间存在相关性，生产函数的回归系数估计量都会是有偏且非一致的，从而导致第二阶段生产效率的估计结果也是有偏且非一致的（Wang and Schmidt，2001；Parmeter，2014）。即使环境影响因素与投入要素不相关，无效率项在第一阶段被假设为同分布会导致估计的生产效率离散程度降低且有偏，从而导致第二阶段的回归参数低估（Wang and Schmidt，2001；Parmeter，2014）。没有理由认为环境因素变量是完全外生的，任何环境因素变量的内生性都可能导致回归参数与生产效率的估计结果有偏且非一致。因此，采用"一步法"来考察不直接进入生产但可能对生产效率重要影响的环境因素变量与生产效率之间的关系，可以避免"两步法"假设所可能带来的内在冲突问题。然而，一步法并非完美：首先，实证分析中无法穷尽所有对生产效率有影响的环境影响因素，承认两步法存在潜在的内生性问题就必须承认一步法下遗漏环境变量引致的潜在内生性问题；其次，在实证研究中发现，过多环境影响因素变量的选择会使一步法模型估计上存在困难（林伯强，2013）；最后，由于生产效率的环境影响因素与技术进步的影响因素相同，一步法倾向于将外生技术进步（时间趋势项的系数）内生化为生产效率变化，得到的生产效率通常呈现上升趋势，如干春晖（2009）的测度结果。茨奥纳斯（Tsionas，2006）提出在无效率项的环境影响因素中引入无效率项的滞后项，构建动态效率随机前沿模型，可以有效缓解控制变量不足带来的内生性问题，但是，动态效率随机前沿模型在估计上存在许多难题，实证研究极少使用该方法。另一种类似两步法的问题是随机扰动项和无效率项的异方差性：忽视随机扰动项的异方差性并不会导致生产函数的系数有偏，但生产效率的估计结果有偏；忽视无效率项的异方差性同样会带来潜在的内生性问题（Parmeter，2014）。

三、个体异质性处理

格林（Greene，2005）在传统面板随机前沿模型的基础上引入了个体效应，用以捕获各生产单元的个体异质性：

$$y_{it} = \alpha_i + 'x'_{it}\boldsymbol{\beta} + v_{it} - u_{it} \quad (i = 1, 2, \cdots, N; \ t = 1, 2, \cdots, T)$$

$$(1-3)$$

其中，α_i 为个体效应：如果 α_i 与要素投入变量 x_{it} 相关，式（1-3）为真实固定效应面板随机前沿模型（True fixed-effects panel stochastic frontier model）；如果 α_i 与要素投入变量 x_{it} 不相关，式（1-3）为真实随机效应面板随机前沿模型（True random-effect panel stochastic frontier model）。

实证研究大多支持个体效应 α_i 与要素投入变量 x_{it} 之间普遍存在相关关系，真实固定效应面板随机前沿模型更符合现实数据。但是，真实固定效应面板随机前沿模型存在冗余参数问题（incidental parameters problem），随着生产单元个数 N 的增加，待估参数 α_i 的个数以相同速度增加，参数估计量的一致性得不到保证。此外，格林（2005）的方法将个体效应全部视作个体异质性，忽视了部分生产单元存在长期处于低效率的可能性，即没有将持久无效率与个体异质性进行有效分离。针对第一个问题，王和霍（Wang and Ho，2010）将无效率项结构形式假定为 $u_{it} = u_i^* g(z'_{it}\delta)$，在此基础上利用差分 MLE 或者组内转换 MLE，个体效应的差分处理得益于标度性质（scaling property）的无效率项结构形式设定。随机效率项 u_i^* 是用以捕获生产单元的效率本质，其决定生产单元效率排序，为生产单元的标度，与有确定性趋势的时变生产效率设定不同，$g(z'_{it}\delta)$ 受外生影响因素的影响，而不是简单设定为受时间因素的影响。对于第二个问题，库姆巴卡尔等（2012）、科隆比等（Colombi et al., 2014）对格林（2005）提出的个体效应面板随机前沿模型进行了进一步修正，引入了生产的持久无效率项：

$$y_{it} = \beta_0 + \mu_i + 'x'_{it}\boldsymbol{\beta} + v_{it} - u_i^P - u_{it}^R \quad (i = 1, 2, \cdots, N; \ t = 1, 2, \cdots, T)$$

$$(1-4)$$

其中，μ_i 衡量不可观察的个体异质性，$u_i^P \sim N^+(0, \sigma_{up}^2)$ 是持久无效率项（persistent inefficiency），$u_i^R \sim N^+(0, \sigma_{uR}^2)$ 是传统的时变无效率项，可以同时捕获各 DMU 不可观测的个体异质性、长期的效率损失以及随时间变化的效率损失。

第三节　研究模型设定与数据说明

一、面板随机前沿模型设定

针对面板随机前沿模型设定的三大发展方向，本章选择八个具有代表性的面板随机前沿模型测算中国工业生产率：模型 Ⅰ 为传统的 Solow 残差法；模型 Ⅱ～Ⅳ 彼此间区别在于对无效率项结构形式设定的差异，模型 Ⅱ 不施加结构形式的约束，模型 Ⅲ 和模型 Ⅳ 施加了确定性时间趋势约束；模型 Ⅴ 和模型 Ⅵ 处理了个体异质性，模型 Ⅴ 将个体效应全部视为个体异质性，模型 Ⅵ 将个体效应视作个体异质性和生产持久无效率的复合项；模型 Ⅶ 和模型 Ⅷ 是一步法随机前沿模型，模型 Ⅷ 考虑了个体异质性。模型 Ⅰ～Ⅳ 以及模型 Ⅶ 的表达式如式（1-1）所示，模型 Ⅴ 和模型 Ⅷ 的表达式如式（1-3）所示，模型 Ⅵ 的表达式如式（1-4）所示。

模型 Ⅰ：假定无效率项不存在（$u_{it} = 0$），而用残差项衡量生产效率（简称 Solow 法），Solow 法实质是没有考虑随机扰动项而非无效率项。

模型Ⅱ：假定无效率项 $u_{it} \sim N^+(0, \sigma_u^2)$，不施加任何结构形式上的约束，本质上与艾格纳等（1977）提出的截面随机前沿模型（简称 ALS 方法）没有区别。无结构形式约束给予了生产效率项最大的灵活性，可以尽可能挖掘各生产单元的生产效率动态演变特征。ALS 方法较 Solow 方法是对随机扰动项进行了处理。

模型Ⅲ：巴蒂斯和科利（1992）（简称 BC92 方法）对无效率项结构形式设定时，假定无效率项具有确定性的单一时间趋势，即 $u_{it} = u_i G(t)$，$G(t) = \exp(\eta(t-T))$。BC92 方法可以刻画生产效率的个体差异，也可以揭示生产效率的整体时间趋势特征，缺陷是假定所有生产单元具有相同的单一方向变动的时间趋势。

模型Ⅳ：库姆巴卡尔（1990）（简称 Kumb 方法）对无效率项施加了更加复杂的结构形式约束，假定 $G(t) = [1 + \exp(\gamma_1 t + \gamma_2 t^2)]^{-1}$，相较于 BC92 方法，Kumb 方法允许生产效率随时间具有非单一方向变动的时间趋势。BC92 与 Kumb 方法对生产效率随时间变化的波动特征的刻画均受较大约束。

模型Ⅴ：格林（2005）（简称 Greene 方法）在面板随机前沿模型中引入了个体效应，并将个体效应视作生产单元的个体异质性。此外，我们不对无效率项的结构形式施加任何约束，即 $u_{it} \sim N^+(0, \sigma_u^2)$。Greene 方法因为将个体效应全部处理为个体异质性，仅能刻画生产效率的时间趋势特征，而无法刻画生产效率的行业差异。

模型Ⅵ：库姆巴卡尔等（2012）（简称 KLH 方法）在 Greene 和 ALS 方法的基础上，将个体效应视作个体异质性和生产持久无效率的复合项，无效率项由持久无效率和时变无效率两部分组成，即 $u_{it} = u_i^p + u_{it}^R$，$u_i^p \sim N^+(0, \sigma_{up}^2)$，$u_i^R \sim N^+(0, \sigma_{uR}^2)$。KLH 方法不仅可以刻画生产效率的行业差异与时间波动特征，还可以进一步分析生产效率的组成成分。

模型Ⅶ：巴蒂斯和科利（1995）（简称 BC95 方法）假定无效率项 u_{it} 服从均值为 μ_{it}，方差为 σ_u^2 的截断正态分布且无效率项均值受众多环境因素 Z_{it} 的影响，即 $u_{it} \sim N^+(\mu_{it}, \sigma_u^2)$，$\mu_{it} = z_{it}'\delta$。"一步法"考察环境影响因素对生产效率的影响，可以避免"两步法"假设可能带来的内在冲突问题以及参数估计的有偏问题（Wang and Schmidt，2002）。但是，一步法倾向于将外生技术进步内生化为生产效率变化，得到的生产效率通常呈现上升趋势。

模型Ⅷ：王和霍（2010）（简称 Wang 方法）为了克服固定效应一步法随机前沿模型冗余参数问题，对无效率项的结构形式设定为标度性质的结构，即 $u_{it} = u_i^* g\left(z'_{it}\delta\right)$。这种无效率的特殊结构形式和固定效应结合意味着对效率的定义与前面模型存在差异，环境因素改善对产出作用较大的生产单元（u_i^* 大）被认为是低效率的生产单元，即基于效率改进的视角而非投入产出的比重判断行业的生产效率。

二、变量选择与数据说明

本章分析对象是 1995～2013 年中国 36 个工业行业的绿色全要素生产率，工业行业分类按《国民经济行业分类》（GB/T4754-2002）进行划分，剔除其他采矿业、工艺品及其他制造业、废弃资源和废旧材料回收加工业三大类，由于 2012 年行业分类标准进行了调整，需要将橡胶和塑料制品按 2011 年相关变量比例拆分为橡胶制品和塑料制品两个行业，汽车制造业和铁路船舶航空航天设备制造业合并为交通运输设备制造业。由于 1994 年的分税制改革是中国工业经济的重要拐点，选择 1995 年为研究起点。所涉及的数据主要来源于《中国统计年鉴》《中国城市（镇）生活与价格年鉴》《中国工业统计年鉴》《中国能源统计年鉴》《中国环境统计年鉴》《中国科技统计年鉴》、国家统计局网站和中经网数据库等。本章对相关数据的整理和检验开展了大量工作，以避免行业调整、统计口径等问题以及不同来源数据对实证研究结果造成错误的影响，关于投入产出指标及环境影响因素的相关指标及数据处理的简单说明如下：

（1）产出指标（Y）。由于工业能源消耗具有中间投入品性质以及出于数据完整性的目的，本章选择以 1990 年为基期包含中间投入的工业总产值而非工业增加值作为工业分行业的产出指标。2003 年以前选取 1990 年不变价工业总产值衡量实际工业总产值，2004 年开始利用分行业的工业出厂价格指数对工业总产值指标进行价格调整，并且利用 2003 年当年价和不变价工业总产值的比重作为 2003 年的价格因子。2012 年以后，相关年鉴不再报告工业总产值指标,我们使用工业销售产值替代工业总产值。

(2)资本存量指标(K)。工业分行业资本存量的估计是一项复杂而困难的工作,为了尽可能减少资本存量估计所带来的数据偏差,遵循庞瑞芝和李鹏(2011)、李斌(2013)的做法,本章选择分行业固定资产净值年平均余额进行资本存量的衡量,并利用分行业工业品出厂价格指数和全国固定资本形成价格指数构建分行业固定资产投资价格指数以 1990 年为基期进行价格调整,具体做法可以参考李小平和朱钟棣(2005)。

(3)劳动投入指标(L)。选择分行业的规模以上工业企业全部从业人员年平均人数来衡量。相关统计年鉴没有报告 2012 年从业人员年平均人数的数据,我们在《中国经济社会发展统计数据库》中查询到该指标并与 2011 年和 2013 年的数据进行了比较,判断该数据可靠。

(4)能源消耗指标(E)。选择按标准煤折合系数转换为万吨标准煤的分行业能源消耗总量来衡量。

(5)二氧化碳排放(C)。本章采用联合国政府间气候变化专门委员会(IPCC)在《2006 年国家温室气体清单指南》中提出的方法,根据工业分行业的 17 种化石燃料消耗量对工业分行业碳排放量进行估算,具体做法可以参考孙焱林等(2016)。

(6)无效率项的环境影响因素包含出口贸易、研发强度、外商直接投资、市场化程度、环境规制,时间区间为 2000 ~ 2013 年。出口贸易(Otrade),用分行业规模以上工业企业的出口交货值占行业销售总值的比重衡量,文献中经常使用贸易开放度(通常用进出口总值与工业总产值比重衡量)分析外贸因素生产效率的影响,但鉴于利用 UN Comtrade 数据库中测算的分行业进出口总值与分行业总产值口径不一致,本章选取口径一致的出口贸易分析外贸因素对生产效率的影响;研发强度(Rd),采用分行业研发经费内部支出总额占工业总产值的比重来衡量,2003 年以前数据缺失采用科技活动经费内部支出替代研发经费内部支出并依据 2004 年数据进行了规模调整;外商直接投资(FDI),用外商企业固定资产净值占工业行业固定资产净值比重衡量;市场化程度(Compet),用国有企业从业人员年平均人数占规模以上工业企业全部从业人员年平均人数的比重衡量,该指标取值越大,说明行业市场化程度越低;环境规制(Env),依据傅京燕和赵春梅（2014）的方法测算环境规制强度综合指标，选取的指标包括单位产值工业烟（粉）尘排放量、单位产值二氧化硫排放、单位产值工业废水排放量、工业固体废物综合利用率和工业固体废物处置率，2000~2002 年环境规制强度数据选用 2003 年数据替代。必须承认的是，存在许多环境影响因素，我们仅能选择重要且较长时期行业面板数据的变量，此外，过多环境影响因素变量的选择也会引致一步法模型估计上存在困难。

三、生产函数形式的设定

根据研究目的及方法，设定如下超越对数形式的随机前沿函数模型，对应公式（1−1）的模型设定为：

$$\ln y_{it} = \beta_0 + \beta_k \sum_{k=1}^{K} \ln x_{kit} + \frac{1}{2} \sum_{j=1}^{K} \sum_{k=1}^{K} \beta_{kj} \ln x_{kit} \ln x_{jit} + \beta_t t + v_{it} - u_{it}$$

$$(1-5)$$

其中，y_{it} 表示第 i 个决策单元在 t 年的工业总产值；x_{kit} 表示第 n 种投入要素变量，分别代表分行业的物质资本存量（K）、劳动投入（L）、能源消耗总量（E）和二氧化碳排放（C）四种投入；t 表示技术变化的时间趋势，β 表示待估计的未知参数向量，其中 β_t 表示平均的技术进步率。由于本章的随机前沿模型假定各行业间存在一个相同且稳定的技术进步率，全要素生产率的行业差异以及动态演进均来源于无效率项 u_{it} 或者生产效率项 $\exp(-u_{it})$，希克斯中性的技术进步假定有助于我们分析时将注意力集中于生产效率的变动规律以及面板随机前沿模型设定对生产效率测度结果的影响。

第四节 实证结果与分析

一、模型估计结果比较

为了检验超越对数函数形式对前沿生产函数的拟合优于科布—道格拉

斯生产函数形式，我们采用似然比检验对随机前沿模型的设定进行了检验。似然比统计量为 $LR = 2(\mathrm{Log}L_u - \mathrm{Log}L_R)$，$\mathrm{Log}L_u$ 是无约束模型（超越对数函数形式）的对数似然值，$\mathrm{Log}L_R$ 是约束模型（科布—道格拉斯函数形式）的对数似然值，如果约束条件成立，LR 统计量服从自由度为 9 的卡方分布。自由度为 9 的卡方分布在 1% 的临界值为 20.97，表 1 – 1 中六个采用极大似然估计法估计的模型均显著拒绝原假设，说明超越对数的前沿生产函数形式设定合理①。

从表 1 – 1 可知，无效率项结构形式的设定、行业异质性的处理以及一步法与两步法的选择均会对生产函数的回归参数造成较大程度的影响。回归参数的估计结果对模型设定的敏感性隐含着全要素生产率分析中涉及相关变量回归参数具体数值的分析可能并不可靠，如投入要素的边际产出、要素替代弹性、规模报酬变化。当然，前沿生产函数的回归参数对随机前沿模型设定的敏感性并不存在严重后果：首先，回归参数的敏感性主要表现为数值大小而非参数的符号和显著性，相关参数的经济意义并不受约束，资本和劳动两种传统要素投入回归系数的符号和显著性相对稳健；其次，相关变量的一次项、二次项以及与其他变量的交互项回归系数的差异存在相互抵消现象，以二氧化碳排放量为例，除模型Ⅷ外，所有模型一次项和二次项的回归系数刚好相反，也就是隐含着在碳排放量在一定范围内，各模型估计得到的二氧化碳排放的产出弹性较为接近②，碳排放的产出弹性非常接近于 0 是涉及碳排放相关变量回归系数不稳健的重要原因；再次，即使相关变量的回归参数不稳健弱化了其经济含义，但只要相关模型对生产前沿面效果较好并保证生产效率的排序满足稳健性要求，随机前沿模型得到的生产效率并不比非参方法差；最后，样本期选择差异也是一步法和两步法回归系数差异的原因之一。此外，Wang 方法对模型设定与

---

① 超越对数的前沿生产函数形式也可能存在对前沿面过度拟合的问题，从而本章得到的技术进步率与全要素生产率的贡献较高，而采用科布—道格拉斯生产函数得到的技术进步率与全要素生产率增速略低于超越对数生产函数的结果。

② 我们应该关注超越对数前沿生产函数的投入产出弹性而非回归系数本身，相关投入要素的产出弹性差异远远小于回归系数的差异。此外，不考虑能源消耗与碳排放的前沿生产函数的回归系数的差异也远远小于本表结果。

其他模型的差异最大，无效率项的定义差异也完全不同，导致对前沿生产函数的拟合区别于其他模型，表现为回归系数的较大差异。

表 1 – 1 节能减排约束下随机前沿模型估计结果

变量	Solow	ALS	BC92	Kumb	Greene	KLH	BC95	Wang
β_K	1.1538 (0.271)	0.9980 (0.228)	0.5250 (0.146)	0.5710 (0.147)	1.1210 (0.136)	0.9945 (0.163)	1.8812 (0.208)	1.1122 (0.222)
β_L	1.1823 (0.253)	1.1928 (0.225)	1.3876 (0.182)	1.2756 (0.181)	0.5374 (0.141)	0.4442 (0.180)	−0.9051 (0.190)	0.1038 (0.202)
β_E	−1.8088 (0.255)	−1.5214 (0.240)	−0.1357 (0.152)	−0.1354 (0.153)	−0.3146 (0.141)	−0.1478 (0.170)	−0.2813 (0.253)	0.5394 (0.236)
β_C	1.3407 (0.176)	1.1076 (0.150)	−0.4323 (0.089)	−0.4385 (0.088)	−0.2228 (0.072)	−0.2530 (0.091)	0.3425 (0.168)	−0.5698 (0.152)
β_{KK}	0.4886 (0.140)	0.3894 (0.116)	0.2607 (0.063)	0.2721 (0.061)	0.0538 (0.052)	0.0816 (0.063)	1.1762 (0.112)	−0.0425 (0.076)
β_{EE}	0.8126 (0.109)	0.4496 (0.095)	0.1795 (0.050)	0.1789 (0.050)	0.1699 (0.045)	0.1031 (0.055)	1.0312 (0.152)	0.0236 (0.095)
β_{CC}	−0.1728 (0.028)	−0.0858 (0.020)	0.0390 (0.014)	0.0435 (0.014)	0.0287 (0.014)	0.0080 (0.015)	−0.0702 (0.038)	−0.0246 (0.025)
β_{LL}	−0.3911 (0.070)	−0.3184 (0.059)	−0.1115 (0.046)	−0.1221 (0.046)	−0.2195 (0.037)	−0.1591 (0.048)	0.4555 (0.050)	0.0779 (0.059)
β_{KL}	0.2503 (0.078)	0.1298 (0.057)	−0.2280 (0.041)	−0.2160 (0.039)	0.0117 (0.028)	−0.0191 (0.035)	−0.3500 (0.059)	0.1033 (0.057)
β_{EL}	0.0756 (0.057)	−0.0208 (0.045)	0.1387 (0.036)	0.1486 (0.036)	0.1484 (0.035)	0.1173 (0.039)	0.4435 (0.045)	−0.1541 (0.053)
β_{CL}	−0.1325 (0.037)	0.0088 (0.032)	−0.0122 (0.017)	−0.0094 (0.017)	−0.0338 (0.014)	−0.0045 (0.018)	−0.2893 (0.025)	0.0360 (0.024)
β_{KE}	−0.7469 (0.101)	−0.3313 (0.093)	−0.1751 (0.050)	−0.1846 (0.049)	−0.1890 (0.047)	−0.1470 (0.053)	−1.2977 (0.102)	−0.0735 (0.065)
β_{KC}	0.0849 (0.041)	−0.1166 (0.036)	0.1178 (0.023)	0.1081 (0.024)	0.0724 (0.019)	0.0502 (0.021)	0.3158 (0.039)	−0.0290 (0.035)

续表

变量	Solow	ALS	BC92	Kumb	Greene	KLH	BC95	Wang
β_{EC}	0.0157 (0.042)	0.0365 (0.027)	-0.0727 (0.016)	-0.0699 (0.016)	-0.0357 (0.014)	-0.0160 (0.017)	-0.0844 (0.069)	0.1005 (0.044)
β_t	0.1020 (0.005)	0.0838 (0.005)	0.1193 (0.006)	0.1089 (0.006)	0.0837 (0.004)	0.0846 (0.004)	0.0228 (0.005)	0.0549 (0.004)
σ_u^2		0.7615 (0.032)	1.7669 (0.639)	1.0845 (0.248)	0.1417 (0.010)		0.2644 (0.018)	0.3646 (0.144)
σ_v^2		0.1399 (0.023)	0.0191 (0.001)	0.0193 (0.056)	0.0702 (0.007)		0.1125 (0.013)	0.0045 (0.000)
LR		-404.75	260.07	255.30	375.20		38.54	533.83
LR_C		-631.27	195.26	193.10	332.39		-62.74	462.63
$LR\ test$		453.04	129.62	124.4	85.62		202.56	142.4

注：非模型 Ⅰ ~ Ⅷ共有的参数未报告；一步法下无效率项解释变量的回归系数也未报告，但笔者对相关变量进行了仔细考察以保证模型估计结果与经济现实吻合。

时间趋势项的系数（β_t）是中国工业整体技术进步的平均速度，是前沿生产函数中最为重要的回归系数。从表 1 - 1 可以看出，模型 Ⅰ ~ Ⅳ 中时间趋势项的回归系数在 0.0837 ~ 0.1193，即中国工业行业的技术进步平均速度在 8.37% ~ 11.93%；一步法模型估计的时间趋势项回归系数分别为 0.0228 和 0.0549，即中国工业技术进步的平均速度分别为 2.28% 和 5.49%。一步法与两步法对平均技术进步率的估计存在巨大差异，但两种方法的结果并不冲突，估计结果差异源于随机前沿方法并不能有效分离技术进步与生产效率变化（Alvarez et al.，2006）。事实上，一步法与两步法测得的全要素生产率增速非常接近，只是一步法更为强调生产效率变化的贡献，中国工业全要素生产率增速在 6.88% ~ 8.7% 的范围内：BC95 方法测算的生产效率在 13 年期间增长了 79.24%[1]，隐含着生产效率年均增长速度为 4.6%，即全要素生产率的平均增长速度为 6.88%；Wang 方法测

---

① 根据各行业生产效率的按工业总产值加权平均计算生产效率的增长，后面类同，并且本章生产效率的年均增长速度为几何平均值。

算的生产效率增长了 23.72%，隐含着生产效率的年均变化为 1.65%，即生产率的平均增长率为 7.14%；模型 Ⅰ～Ⅳ 得到的生产效率整体上均呈现下滑趋势，扣除生产效率下降影响后，全要素生产率增速依次为 8.7%、7.3%、8.6%、8.2%、8% 和 8.2%。中国在 1995～2014 年的工业增长平均速度为 11.17%[①]，说明全要素生产率的提升可以解释中国工业经济的绝大部分增长，无能源消耗和碳排放约束的随机前沿模型可以得到类似的结论，但是全要素生产率的贡献略低于节能减排约束下的测算结果。

二、模型设定对生产效率估计结果的影响

随机前沿模型设定的差异是否会对生产效率排序产生重大影响？我们对八个模型测算的生产效率进行了 Kendallτ 相关性检验，检验结果如表 1-2 所示。下三角矩阵为能源消耗和碳排放双重约束下生产效率的 Kendallτ 相关系数；上三角矩阵为传统的无能源消耗和碳排放约束下生产效率的 Kendallτ 相关系数。检验结果显示，模型无效率项结构形式的约束、行业异质性的处理以及一步法与两步法的选择均会对估计的生产效率排序造成相当程度的影响。Solow 和 ALS 方法估算的生产效率排序高度相关且两种方法与模型 Ⅲ～Ⅶ 估算的生产效率排序也较为吻合，说明两种施加约束较少的方法是生产效率分析的稳健性方法。BC92 和 Kumb 方法估计的生产效率排序也高度相关但与其他模型（不包含模型 Ⅷ，后文同）结果的相关性弱于 Solow 方法和 ALS 方法，主要是因为两种方法对无效率项施加了过强的时间趋势约束。Greene 方法与大部分模型不冲突但相关性也不高，主要是因为其将个体效应都处理为行业异质性，KLH 方法虽然也考虑了行业异质性，但将个体效应视为持久无效率与行业异质性的复合项，因此估计结果的稳健性也较高。BC95 方法既没有对无效率项施加任何约束也没有考虑行业异质性，因此估算的结果与其他模型差异较小。Wang 方法估计的生产效率与其他方法有显著的差异，是由于 Wang 方法基于效率改进视角定义

---

① 根据工业增加值经工业产品出厂价格指数调整后计算得到的工业增长率，数据来源于 CCER 数据库。

的生产效率在行业差异的刻画上与其他方法存在巨大差异，而 Wang 与 BC95 方法对生产效率的时间趋势特征刻画却非常一致：就时间趋势上的平均生产效率而言，Wang 和 BC95 方法估计结果的相关系数高达 0.9913，两种方法对生产效率的时间趋势特征刻画非常一致；就行业的平均生产效率而言，Wang 和 BC95 方法估计结果的 Kendallτ 相关系数为 -0.0698 且相关系数为 -0.2578，说明两种方法估计的生产效率在行业比较上差异非常大。而行业差异来源于 Wang 方法隐含着的效率定义与模型 I ~ VII 存在差异，Wang 方法是基于效率改进的难易度而非投入产出比重判断行业的生产效率。总体而言，随机前沿模型设定会对生产效率的排序造成较大影响，但这种影响并不冲突且不存在严重后果，模型设定的差异可以预期生产效率结果的差异。

表 1 - 2　　　　　　　模型 I ~ VIII生产效率的 Kendallτ 相关检验

变量	Solow	ALS	BC92	Kumb	Greene	KLH	BC95	Wang
Solow	1	0.8469 (0.000)	0.2054 (0.000)	0.4771 (0.000)	0.2617 (0.000)	0.5837 (0.000)	0.3305 (0.000)	-0.1181 (0.000)
ALS	0.7840 (0.000)	1	0.2054 (0.000)	0.5536 (0.000)	0.2646 (0.000)	0.6612 (0.000)	0.4554 (0.000)	-0.1285 (0.000)
BC92	0.2237 (0.000)	0.3103 (0.000)	1	0.8772 (0.000)	0.0020 (0.936)	0.2828 (0.000)	0.1378 (0.000)	-0.1784 (0.000)
Kumb	0.2175 (0.000)	0.3097 (0.000)	0.9584 (0.000)	1	0.0728 (0.004)	0.3125 (0.000)	0.685 (0.000)	-0.0128 (0.667)
Greene	0.2725 (0.000)	0.3014 (0.000)	0.0366 (0.152)	0.0368 (0.150)	1	0.1692 (0.000)	0.2083 (0.000)	-0.1369 (0.000)
KLH	0.2999 (0.000)	0.407 (0.000)	0.7969 (0.000)	0.8222 (0.000)	0.117 (0.000)	1	0.6837 (0.000)	-0.2605 (0.000)
BC95	0.2699 (0.000)	0.3562 (0.000)	0.4771 (0.000)	0.4841 (0.000)	0.2183 (0.000)	0.5685 (0.000)	1	0.0192 (0.520)
Wang	-0.2242 (0.000)	-0.1450 (0.000)	-0.2192 (0.000)	-0.2074 (0.000)	-0.0609 (0.041)	-0.1586 (0.000)	-0.0278 (0.350)	1

注：上三角矩阵为传统的无能源消耗和碳排放约束的面板随机前沿测算结果；括号内为 P 值。

三、工业绿色生产率的行业差异及其动态演进规律

接下来，本章分析模型设定对生产效率的行业差异以及动态演进规律刻画的影响。观察回归结果发现模型设定对生产效率的行业差异影响很大，表 1－3 展示了 ALS、BC92、KLH、BC95 和 Wang 方法五种代表性模型[①]在行业层面的平均生产效率。从表 1－3 可以知道，模型设定会对生产效率的行业差异造成非常显著的影响，即对行业生产率的稳健性规律总结存在较大的困难。但是，Wang 方法对生产效率的特殊定义有助于我们寻找发展潜力大的行业，在 Wang 方法的模型中 u_i^* 越小意味着环境因素改善对行业发展的促进作用越明显，即 Wang 方法测算的行业生产效率偏低隐含着该行业发展潜力越大。因此，本章对生产效率或者生产率的高低评价依赖于 ALS、BC92、KLH、BC95 四种方法的综合结果，对行业生产效率或者生产率的提升潜力评价依赖于 Wang 方法。中国工业中的采矿业和公用事业部门的生产效率普遍较低，生产效率低下可能与两个部门内的国有垄断程度高和现代企业制度不健全有关。采矿业和公用事业部门中，发展潜力小的行业主要有石油和天然气开采、有色金属采选、自来水的生产和供应三个行业，前两个行业受自然资源稀缺的限制，自来水的生产和供应是典型的公共事业，盈利能力较低并且难以实现能带来较高盈利的技术创新，需要依然政府补贴维持经营。采矿业和公用事业部门中发展潜力大的行业包括煤炭采选、黑色金属采选、非金属矿采选、电力生产供应以及燃气生产供应，这些行业虽然国有垄断程度较高，但是所涉及的资源相对丰富，更重要的是政府出于环境保护和资源节约的目的，积极鼓励和支持相关行业的发展以及相关行业的技术创新与进步，尤其在煤炭采选和电力燃气行业领域，绿色经济绩效的提高备受重视。在制造业领域，生产效率相对较高并且发展潜力也较大的行业主要以医药制造业、光电设备制造业、通信设备制造业、通用和专用设备制造业以及交通运输设备制造业等

---

① Greene 方法将个体效应视作行业异质性，不能刻画生产效率的行业差异；Solow 方法与 ALS 方法结果较为一致；Kumb 方法与 BC92 方法较为一致。

为代表的新兴制造业，是当前世界领域创新活动最为频繁的行业。当然，诸如造纸业、食品制造、饮料制造等传统行业的生产效率也具有较大的提升空间，但在国际上这些行业普遍缺乏创新，未来可发展空间较小，行业过多低技能劳动力也约束了生产效率的提升。以"工业4.0"和"工业互联网"为代表的新工业革命，将进一步推动新兴制造业技术的快速发展，中国在产业政策方面应该继续加大力度鼓励和支持生产效率高且发展潜力大的新兴制造业发展和技术进步与创新，而不是拔高低生产率行业的发展。

表1-3　　　　　　　　　　中国工业行业的平均生产效率

行业	ALS	BC92	KLH	BC95	Wang	行业	ALS	BC92	KLH	BC95	Wang
H1	0.176	0.034	0.044	0.138	0.215	H19	0.711	0.086	0.161	0.579	0.266
H2	0.181	0.029	0.052	0.085	0.893	H20	0.829	0.308	0.433	0.852	0.113
H3	0.559	0.141	0.199	0.33	0.232	H21	0.884	0.224	0.354	0.644	0.445
H4	0.546	0.131	0.181	0.373	0.706	H22	0.815	0.237	0.341	0.762	0.191
H5	0.570	0.154	0.213	0.424	0.147	H23	0.697	0.263	0.334	0.771	0.013
H6	0.759	0.242	0.325	0.795	0.289	H24	0.749	0.06	0.108	0.612	0.103
H7	0.670	0.21	0.293	0.722	0.091	H25	0.65	0.047	0.108	0.408	0.366
H8	0.460	0.165	0.234	0.416	0.061	H26	0.704	0.134	0.238	0.493	0.289
H9	0.810	0.291	0.414	0.342	0.104	H27	0.805	0.259	0.344	0.808	0.230
H10	0.580	0.183	0.213	0.585	0.125	H28	0.678	0.264	0.314	0.800	0.018
H11	0.680	0.381	0.459	0.826	0.349	H29	0.583	0.258	0.317	0.722	0.054
H12	0.763	0.383	0.505	0.926	0.683	H30	0.696	0.362	0.415	0.780	0.011
H13	0.732	0.248	0.338	0.780	0.072	H31	0.678	0.504	0.528	0.850	0.058
H14	0.654	0.321	0.416	0.809	0.769	H32	0.805	0.941	0.908	0.945	0.127
H15	0.631	0.135	0.215	0.548	0.230	H33	0.662	0.390	0.472	0.882	0.321
H16	0.423	0.210	0.260	0.485	0.061	H34	0.552	0.008	0.032	0.081	0.050
H17	0.692	0.308	0.425	0.916	0.204	H35	0.459	0.099	0.127	0.119	0.039
H18	0.623	0.093	0.199	0.212	0.951	H36	0.107	0.022	0.029	0.075	0.715

注释：H1-H36为《国民经济行业分类》（GB/T4754-2002）中39个大类行业剔除其他采矿业、工艺品及其他制造业、废弃资源和废旧材料回收加工业三类后行业，行业顺序没有改变。

模型设定对生产效率的时间趋势特征刻画同样存在一定程度的影响，但是对生产率的规律刻画并不存在冲突。依据生产效率的时间趋势特征，模型Ⅰ~Ⅷ可以分为三类：第一类是ALS、Solow、Greene和KLH四种方法，工业生产效率呈现"平S型"时间趋势，四种方法的生产效率在时间上存在数值的差异但动态演进规律完全一致；第二类是对无效率项施加了确定性时间趋势，即 BC92 方法和 Kumb 方法；第三类假定无效率项的均值由一系列经济社会因素决定，即两种一步法随机前沿模型，两种方法估计的生产效率均呈现稳步上升的趋势特征。三类模型得到的工业生产效率具有完全不同的时间趋势特征是否意味着三类模型存在潜在的冲突？事实上并不然，现有的效率测算模型并不能有效分离技术进步与生产效率变化，不能孤立技术进步而去分析生产效率的时间趋势特征。对第一、第二类模型的结果进行对比分析并结合两类模型对无效率项结构形式的假定来看，两类型模型并不存在冲突，BC92 和 Kumb 方法对无效率项施加的确定性时间趋势实质上消除了生产效率的波动性特征。此外，两个模型时间趋势项的回归系数略高于第一类型方法，从而得到的生产效率在时间趋势上表现出更为明显的下滑趋势特征。同样，第一、第三类模型得到的生产效率差异并不意味着模型间存在冲突，一步法实质上是将外生技术进步（时间趋势项的系数）内生化为生产效率变化，得到的技术进步率低于两步法模型，生产效率的增长高于两步法模型。对比第一、第三类模型的结果也可以发现，第一类模型得到的生产效率表现为下降趋势特征的时间阶段，一步法模型得到的生产效率增速也出现下滑趋势。综合考虑技术进步与生产效率变化，八种模型对中国工业生产率时间趋势特征的刻画是比较一致（见图 1 - 1）。

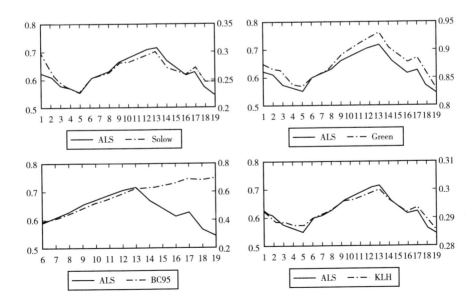

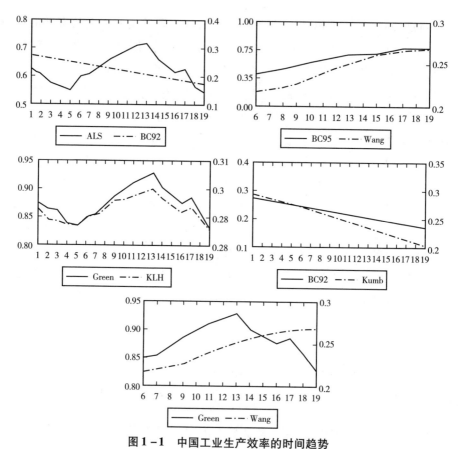

图 1-1　中国工业生产效率的时间趋势

注：每个小图中左侧 Y 轴为实线序列的坐标刻度，右侧 Y 轴为实线序列的坐标刻度。

　　分税制改革以来，中国工业生产率变动趋势可以分为三阶段：1995～1999 年，中国工业经济处于短暂调整期，生产效率持续下滑，全要素生产率增速处于较低水平；2000～2007 年，工业经济处于快速扩张期，工业经济增速稳步提升，生产效率持续获得改善，全要素生产率增速处于较高水平；2008～2013 年，工业部门面临结构与周期因素叠加的双重挑战，工业经济增速和全要素生产率增速出现明显减缓的长期趋势特征。1993 年以来"软着陆"式宏观经济政策使工业行业出现产能过剩，国有企业改革带来失业下岗问题，1997 年亚洲金融危机冲击使企业外部经济环境恶化，从而造成工业生产率增速缓慢、生产效率下滑的现象。21 世纪以来，国有企业改革调整期结束、分税制改革使全国统一市场逐步建立，金融改革下国有企业预算约束逐步加强，企业的市场竞争压力日益加剧，中国的工业化进入通过提高技术水平来进行发展的新阶段（陆剑等，2014），再加上城市化快速推进以及消费结构转变升级的需求推动，中国工业生产率明显提升。2008年以来，中国工业生产率出现大幅度下降受三方面因素的影响：一是中国经济面临着"增长速度进入换档期、结构调整面临阵痛期、前期刺激政策消化期"三期叠加的阶段性特征，工业增长动力不足，再加上应对金融危机的刺激政策，共同导致工业经济增速下滑和全要素生产率增长减缓；二是随着中国经济与发达国家经济的差距缩小以及全球经济疲软引起的发达国家通过各种方式构建各种贸易壁垒和技术壁垒，技术学习与模仿的难度日益加大；三是中国创新生态的培育依然任重而道远，需要克服深层次的制度和文化约束（黄群慧和贺俊，2015），技术进步与创新遭遇瓶颈，自主创新驱动产业转型升级与经济增长存在较大约束。

第五节 本章小结与启示

本章系统地梳理了面板随机前沿方法的理论发展，并诠释不同的随机前沿模型设定对生产效率、技术进步、全要素生产率与经济含义的影响，在此基础上运用八个最具代表的面板随机前沿生产函数模型分析模型设定对生产效率、技术进步以及生产率测度结果的影响，揭示中国工业全要素生产率行业差异与动态演变的稳健性规律。本章得到以下主要结论：

第一，无效率项结构形式的设定、行业异质性的处理以及一步法与两步法的选择均会对回归参数、技术进步率以及生产效率排序的测度结果造成重要影响，但对全要素生产率增速的影响较小，并且模型设定的差异可以预期结果的差异。Solow和ALS方法是稳健性最高的效率测算模型，在实证研究中可以作为基准分析模型。BC92和Kumb方法仅能用于评估生产效率在整个样本期的时间趋势特征和生产单元的效率差异，不适用于生产效率时间趋势的阶段性特征以及生产效率的影响因素分析。Greene方法将个体效应全部处理为行业异质性，不能评估生产效率的行业差异。KLH方法虽然也考虑了行业异质性，但将个体效应视为持久无效率与行业异质性的复合项，不仅可以刻画生产效率的行业差异与时间波动特征，还可以进一步分析生产效率的组成成分。Wang 方法对效率定义是基于效率改进视角，与其他模型结果的差异最大，估计的相关参数与生产效率需要谨慎解读。此外，随机前沿模型并不能有效分离技术进步与生产效率的变化，不能过度依赖模型对全要素生产率增长进行分解。一步法模型实质上是更加重视内生化技术进步（生产效率的提升）而弱化外生技术进步（时间趋势项的系数）对全要素生产率增长的解释能力，所得到的生产效率通常呈现上升趋势。实证研究中应针对研究的目的，对面板随机前沿模型的设定进行仔细的选择和解读。

第二，中国工业中的采矿业和公用事业部门的生产效率普遍较低，但在煤炭采选和电力燃气等行业领域有较大的提升潜力。以医药制造业、光电设备制造业、通信设备制造业、通用和专用设备制造业以及交通运输设备制造业等为代表的新兴制造业不仅生产效率较高而且提升潜力也较大。在"工业 4.0"和"工业互联网"为代表的新工业革命背景下，中国在产业政策方面应该继续加大力度鼓励和支持生产效率高且潜力大的新兴制造业发展，以新兴制造业的快速发展引领产业结构转型升级与工业经济增长。

第三，1995 ~ 2013 年，中国工业整体全要素生产率增长的平均速度在 6.88% ~ 8.7% 的范围内，全要素生产率的提升可以解释中国工业经济绝大部分增长。中国工业全要素生产率动态演进趋势分为三阶段：1995 ~ 1999 年，中国工业经济处于短暂调整期，生产效率持续下滑，全要素生产率增速处于较低水平；2000 ~ 2007 年，工业经济处于快速扩张发展期，工业经济增速稳步提升，生产效率持续获得改善，全要素生产率增速处于较高水平；2008 ~ 2013 年，工业部门面临着结构性与周期性因素叠加的双重挑战，工业经济增速和全要素生产率增速出现明显减缓的长期趋势特征。2008 年金融危机及国内经济减速的冲击形成了中国工业经济和全要素生产率增长的重要拐点，中国工业经济通过政府刺激投资进而实现快速扩张模式开始要转变，工业经济进入"刺激政策消化、增速换挡、结构调整"三期叠加的新常态。政府工作的重点任务是为自主创新创造良好的外部环境，克服深层次的制度和文化约束，培育自主创新生态环境，通过自主创新驱动产业转型升级与工业经济增长。

第二章 ///

环境规制与中国省域绿色全要素生产率

第一节 问题的提出

我国经济正处于结构转型升级、新旧动能持续转换的关键时期，加快经济发展的绿色转型已经成为我国经济的改革共识。党的十八届五中全会首次提出了"创新、协调、绿色、开放、共享"的发展理念，生态文明首次列入十大目标。党的十九次全国代表大会进一步强调，必须坚定不移贯彻"创新、协调、绿色、开放、共享"的五大发展理念，建立健全绿色低碳循环发展的现代经济体系。从经济学内涵上来讲，经济绿色转型是指经济发展逐步迈向"劳动生产率提高、污染排放减少、资源能耗下降、可持续发展能力增强"的过程，本质上就是指区域绿色全要素生产率或者环境全要素生产率的持续改善（李平，2011）。政策制定者和相关职能部门通常认为，通过制定合理的环境规制政策来推动绿色全要素生产率的持续增长，就能够最终实现绿色转型的长期目标（陈超凡，2016）。

现实问题是，环境规制政策的实施能否推动绿色全要素生产率的持续改善以及其效果如何？目前，学术界尚未就这一问题达成共识。讨论环境规制政策与生产率关系的代表性文献主要有"遵规成本说"和"创新补偿说"两种观点：新古典主义传统学派基于静态视角，认为环境规制会引致企业的环境成本增加，对生产性投资、技术创新等活动形成"抵消效应"，间接地阻碍了企业生产率的增长，被称为"遵规成本说"（Gray and Shadbegian，1998）；以波特为代表的修正学派从动态视角出发，认为环境规制政策引致环境治理成本内化为企业的生产成本，能够激励企业技术创新，会通过"创新补偿效应"抵销增加的环境污染成本（Porter and Van，2011）。随着经济增长理论逐步聚焦于绿色发展路径的探索，环境规制与绿色全要素生产率之间是否存在着因果关系以及两者关系程度日益成了环境经济领域关注的核心命题之一（徐彦坤和祁毓，2017）。多数文献发现环境规制与绿色全要素生产率存在正相关关系，一定程度上验证了"波特假说"的正确性（Li and Shi，2014；原毅军和谢荣，2015），并且两者的关系不能简单归纳为促进或者削弱，具有复杂的关系特征（李斌等，2013；Wang and Shen，2016）。两者的复杂关系一定程度上归因于环境规制工具的异质性，蔡乌赶和周小亮（2017）、申晨等（2017）比较了命令—控制型规制、市场激励型规制以及自愿性环境规制三种环境规制政策的实施效果，发现市场激励型环境规制对绿色全要素生产率正向作用更为突出。尽管相关文献不断丰富和完善该问题的讨论，但就两者关系的争论却是越来越激烈，技术方法的改进和研究思路的转换并没调和"矛盾论"和"协调论"的观点（徐彦坤和祁毓，2017）。

科学和准确评估环境规制的经济社会效应，有利于进一步完善环境规制手段和制度。但是，现有文献主要选取污染排放强度、排污费收入、污染物治污成本以及环保机构和专业人员等环境规制替代性指标，存在较强的主观性和内生性（Lanoie et al.，2008），既不能准确识别环境规制与绿色全要素生产率的因果关系，也无法分离其他经济社会因素的作用效果。本章基于我国省际层面的面板数据，利用2007年开始实施的排污费征收标准调整这一准自然实验机会来考察市场激励型环境规制对省域绿色全要素生产率的影响。与以往研究相比，本章主要贡献体现在：在研究方法上，利用排污费征收标准调整的这一项外生冲击，运用双重差分法准确衡量环境规制的作用效果，可以有效规避无法客观度量环境规制的数据限制，同时解决了指标选取的内生性问题；在政策启示上，充分结合我国以环保税和"税制绿化"为代表的绿色财税制度改革的现实背景，提供了环境保护税税制改革和完善的理论参考与实证依据。

第二节 制度背景与理论分析

一、制度背景分析

我国的排污收费制度是在借鉴经济合作与发展组织（OECD）环境委员会提出的"污染者负担原则"基础上，逐步探索形成的一项环境管理的基本制度，是一项防止污染物过度排放的重要经济政策（环境保护部环境监察局，2009）。作为我国一种重要的市场激励型环境规制工具，排污收费制度一直处于不断改革和完善过程中，其发展历程具体可以分为建立和实施阶段（1978～1984年）、发展和改革阶段（1985～2002年）、完善和全面实施阶段（2003～2006年）、征收标准调整阶段（2007～2015年）以及排污费改环保税阶段（2016～2018年）。2003年，国务院颁布了《排污费征收使用管理条例》，明确要求排污费的征收方式从排污总量收费转变为单位污染排放量收费，并且规定了排污费征收标准以及详细计算方法，标志着在全国范围内实行了统一的排污收费政策体系和收费标准。但是，当时考虑到企业的承受能力问题，污水类和废气类污染物排污费的征收标准分别为0.7元每污染当量和0.6元每污染当量，相当于污染物治理成本的一半。此外，排污费征收标准没有实行差别化的征收政策，排污收费制度对企业主动治污减排的激励作用相对有限。

为了进一步优化排污费制度对企业污染排放的约束激励，2007年各省份先后开始了排污费征收标准调整的试点工作。2007年，国务院颁布了《国务院关于印发节能减排综合性工作方案的通知》，要求各地尽快将二氧化硫排污费提高到每千克1.26元，同时根据实际情况提高化学需氧量排污标准，调整后的二氧化硫排污费基本接近于治理成本。2007～2014年，全国先后有江苏、河北、山西、内蒙古等16个省份先后调高了二氧化硫、化学需氧量等污染物的排污收费标准，其中北京、上海、山东以及广东等省份实行了差别化的征收标准。为此，本章选择排污费征收标准调整作为本章分析的准自然试验，将 16 个改革试点省份视作准自然试验的处理组，其他省份作为对照组。但是，不同省份政策实施的时间存在差异，在排污费征收标准调整的准自然实验中并不存在一个统一的时间断点。2007 年以来，排污费征收标准调整实际上是强化了对企业环境污染的规制程度，各省份排污费征收标准调整实施意味着实施了更加严格的市场激励型环境规制政策。

二、理论机制分析

假设生产函数为 $Y_t = A_t \theta_t K_t^\alpha L_t^\beta N_t^\gamma$，其中 Y、K、L、N 分别代表总产出、资本投入、劳动投入和污染排放；α、β 和 γ 分别代表资本、劳动和环境对产出增长的弹性，α、β、$\gamma > 0$ 且 $\alpha + \beta + \gamma = 1$，即生产函数具有规模报酬不变的性质；$A_t$、$\theta_t$ 分别为技术进步和效率因子，并且 $0 \leq \theta_t \leq 1$。进一步假设污染排放的价格为 p，环境污染的边际治理成本为 mac。那么，污染物的实际排放量为 $N_t = \gamma Y_t / p$，社会最优的污染排放量为 $N_t^* = \gamma Y_t / mac$，如果 $p < mac$，那么 $N_t > N_t^*$ 且 $Y_t < Y_t^*$。在排污费征收标准调整之前，污染物的排放收费低于环境治理成本，排污费征收标准调整会同时减少污染物的排放量和总产出（秦昌波等，2015）。那么，环境污染的减少能否弥补经济增长减速的代价？本章将从绿色全要素生产率的视角进行回答。

排污征费实际上是"庇古税"的一种表现形式，通过将企业环境外部成本内部化的方式遏制企业外部不经济行为，从污染源头减少企业"工业三废"等环境污染物排放。作为市场激励型环境规制工具，其与生产率的关系也存在"矛盾论"和"协调论"两种观点。坚持"矛盾论"的文献认为，排污征费会增加企业运营成本和干预成本，会对技术设备投资和生产性投资等正常经营活动形成挤出效应，抑制生产率的提高（Young，2003；Zheng and Hu，2006）。国内相关实证文献也得到了一些佐证，闫文娟等认为排污费征收受过多主观因素的干扰，排污费政策对环境污染物排放量并没有明显的抑制效应，对绿色全要素生产率存在负面影响（闫文娟和钟茂初，2012；王杰和刘斌，2014）。当然，大多数文献还是支持排污收费，环境保护税总体上有利于提高绿色全要素生产率。李婉红（2015）

采用空间计量模型检验发现，只有发达地区排污费收入能够促进绿色技术创新。秦昌波等（2015）通过模拟发现，征收环境税能够显著降低污染排放，但对经济发展的影响相对有限。总体而言，我国排污费征收标准相对较低，在合理的征收框架下适度提高征收标准有利于绿色全要素生产率的增长（徐保昌和谢建国，2016）。

在绿色索洛增长核算框架下（王兵和刘光天，2015），决定绿色全要素生产率的是技术进步和效率因子，从静态角度来看排污费征收标准调整并不会直接影响绿色全要素生产率。但是从动态角度来说，伴随着污染物排放的减少，排污费征收标准上调可以通过改善生产效率或者促进技术进步的方式提升绿色全要素生产率，实现经济增长和环境保护的双赢。排污费征收标准调整对绿色全要素生产率存在以下三种作用机制：（1）绿色技术创新的激励机制。企业技术创新的动力来源于对创新利益的追逐，污染排放收费标准过低时，绿色创新技术的收益可能难以覆盖创新成本，企业缺乏技术创新的激励，排污费征收标准上调会激励企业开展研发创新活动（李婉红，2015）。（2）绿色技术更新的倒逼机制。企业面临着更强的环境约束时，可以通过强化污染处理设备投资和生产绿色技术设备投资，以达到降低企业的污染排放成本的目的（Basque，2000）。（3）绿色生产效率的筛选机制。在环境约束和异质性企业条件下，高排放、高污染的企业在高环境污染成本的压力下会选择主动退出市场，即市场机制能够淘汰绿色生产效率低的企业，筛选出绿色生产效率高的企业（王兵和刘光天，2015）。因此，从动态角度看，我国排污费征收标准调整能够对省域绿色全要素生产率存在正向影响。

第三节　实证研究设计

一、数据说明

本章以我国内地 30 个省份为研究对象，西藏因数据缺失而剔除。我国 2003 年在全国范围内建立了完善统一的收费制度，样本区间选取为 2003 ~ 2016 年。本章涉及的数据来源于《中国统计年鉴》《中国人口和就业统计年鉴》《中国环境统计年鉴》、国研网数据库以及各省份统计年鉴。本章采用全局 ML 指数测算各省份绿色全要素生产率，要素投入选取资本存量、人力资本以及能源消耗，产出选取实际生产总值、废气中二氧化硫（SO_2）和废水中化学需氧量（COD）。参考相关文献（蔡乌赶和周小亮，2017），本章选取的变量及计算方法如表 2 - 1 所示。

表 2 - 1　　　　　　　　　　变量的描述统计

变量	变量名称	计算方法	均值	标准误	最小值	最大值
GTFP	绿色全要素生产率	GML 指数测算得到	1.0394	0.0359	0.8440	1.4270
LnRGDP	经济发展水平	人均生产总值的对数	10.1811	0.7248	8.1895	11.7107
LnKL	资本深化程度	人均资本存量的对数	0.7971	1.1170	-2.5601	8.6956
Market	市场化程度	国有固定资产投资比重	0.3195	0.1098	0.1143	0.6087
Trade	外贸依存度	进出口贸易额/生产总值	0.3333	0.40121	0.0336	1.7234
FDI	外资开放度	外商直接投资额/生产总值	0.4155	0.6041	0.0385	5.7982
LnRD	研发经费投入	RD 经费支出的对数	10.8478	1.5727	6.3163	14.7452
S_Agg	生产服务业集聚	区位熵指数	0.8716	1.1784	0.1925	35.1324

二、绿色全要素生产率的测度方法

本章参考法尔等（Färe et al.，2007）的思路定义环境技术函数，在此基础上测度各省份的绿色全要素生产率。假设一个国家（地区）使用 N 种要素投入 $\boldsymbol{x} = (x_1, x_2, \cdots, x_N) \in R_N^+$，生产出 M 种期望产出 $\boldsymbol{y} = (y_1, y_2, \cdots, y_M) \in R_M^+$ 和 J 种非期望产出 $\boldsymbol{b} = (b_1, b_2, \cdots, b_J) \in R_J^+$。环境技术函数的生产可能性集用 $\boldsymbol{P(x)}$ 来表示，$\boldsymbol{P(x)} = \{(\boldsymbol{y}, \boldsymbol{b}) | x \rightarrow P(x)\}$。进一步假定环境生产技术满足投入与期望产出强可处置性、非期望产出弱处

置公理、期望产出和非期望产出零结合公理等公理条件，各国家（地区）的方向距离函数（DDF）和全局方向距离函数（GDDF）依次表示为：

$$D(x, y, b; g_y, g_b) = \sup\{\beta : (y + \beta g_y, b - \beta g_b) \in P(x)\} \quad (2-1)$$

$$D^G(x, y, b; g_y, g_b) = \sup\{\beta : (y + \beta g_y, b - \beta g_b) \in P^G(x)\} \quad (2-2)$$

其中，$P^G = P^1 \cup P^2, \cdots, \cup P^T$；$(g_y, g_b)$ 表示期望产出扩张和非期望产出缩减的方向，根据钟等（Chung et al. , 1997）设定为 (y, b)，β 衡量了好产出的最大径向扩张比例与坏产出的最大径向缩减比例（投入不变）。出于简化表述的目的，本章将方向距离函数和全局方向距离函数分别表示为 $D(x, y, b)$ 和 $D^G(x, y, b)$。

本章采用全局 Malmquist – Luenberger（GML）指数测度各省份的绿色全要素生产率，GML 生产率指数由欧（Oh，2010）提出，能够解决 ML 指数的跨期方向距离函数存在不可行解问题和不满足跨期可乘性质的问题。具体而言，第 t 期到第 $t+1$ 期的 GML 生产率指数表示为：

$$GML_t^{t+1} = \frac{1 + D^G(x^t, y^t, b^t; g^t)}{1 + D^G(x^{t+1}, y^{t+1}, b^{t+1}; g^{t+1})} = EC_t^{t+1} \times BPC_t^{t+1} \quad (2-3)$$

其中，效率变化指数 EC 和术进步指数 BPC 的表达式为：

$$EC_t^{t+1} = \frac{1 + D^t(x^t, y^t, b^t)}{1 + D^{t+1}(x^{t+1}, y^{t+1}, b^{t+1})} \quad (2-4)$$

$$BPC_t^{t+1} = \frac{(1 + D^G(x^t, y^t, b^t)) / (1 + D^t(x^t, y^t, b^t))}{(1 + D^G(x^{t+1}, y^{t+1}, b^{t+1})) / (1 + D^t(x^{t+1}, y^{t+1}, b^{t+1}))}$$

$$(2-5)$$

如果 GML、EC、BPC 指数大于 1，那么说明全要素生产率增长了、生产效率获得了改善以及存在技术进步；反之，说明全要素生产率下降了、生产效率下滑以及出现技术退步。

三、研究区概况与实证模型

本章选择排污费征收标准调整作为准自然试验，将 16 个改革试点省份视作准自然试验的处理组，其他省份作为对照组，如表 2 - 2 所示。

表 2－2   研究区的分组

组别	东部	中部	西部
处理组	北京、天津、河北、辽宁、上海、江苏、浙江、山东、广东	山西、内蒙古、黑龙江	广西、云南、宁夏、新疆
对照组	福建、海南	吉林、安徽、江西、河南、湖北、湖南	重庆、四川、贵州、陕西、甘肃、青海

为了考察我国排污费征收标准调整对绿色全要素生产率的影响，依据双重差分法将进行了排污费征收标准调整的地区视为处理组，没有开展征收标准调整的地区视作对照组，比较处理组和对照组全要素生产率增长率的变化。如果处理组地区在征收标准调整后系统性高于对照组地区，则可以认为排污费征收标准上调能够促进 GTFP。实证检验的模型设定如下：

$$GTFP_{it} = \alpha_i + \delta \cdot du \times dt + X_{it}\boldsymbol{\beta} + \lambda_t + \varepsilon_{it} \qquad (2-6)$$

其中，du 为组别虚拟变量（处理组取值为 1，对照组取值为 0），$du \times dt$ 表示实施排污费征收标准调整政策事件的虚拟变量，处理组地区进行了征收调整之后的年份取值为 1，其他年份和对照组地区取值为 0。τ_t 为时间虚拟变量对应的系数，衡量绿色全要素生产率的时间趋势特征。δ 的估计量表示处理组地区进行排污费征收标准调整后 GTFP 增速的增加，称为"倍差法"估计量，如果 δ 显著大于 0，说明我国排污费征收标准调整能够促进区域绿色全要素生产率。GTFP 为区域绿色全要素生产率的变量，X 表示经济发展水平、要素结构、市场化程度和外商直接投资等全要素生产率的直接影响因素。值得注意的是，本章依次使用个体固定效应（α_i）和时间固定效应（τ_t）替代了传统双重差分法的解释变量 du 和 dt。

在污染排放收费标准调整改革过程中，部分省份选择差别化排放收费标准，即对污染排放量超标的单位实施一定的惩罚收费，对污染处理技术或者绿色技术较高的企业减免一定的排污收费。差别化排放收费标准会激励企业推进污染处理技术进步与创新，淘汰过度污染的企业，从理论上对省域绿色全要素生产率的正向作用更加突出。为此，构建如下检验差别化排放收费标准对政策实施作用于 GTFP 的调节效应模型：

$$GTFP_{it} = \alpha_i + \delta \cdot du \times dt + \delta_1 \cdot du \times dt \times dz_1 + X_{it}\boldsymbol{\beta} + \lambda_t + \varepsilon_{it} \qquad (2-7)$$

其中，dz_1 为是否差异化排放收费标准调整的虚拟变量。如果 $\delta_1 > 0$，说明差别化排污收费标准调整的效果更佳。

正如前面理论描述，排污费征收标准调整在动态角度下才影响绿色全要素生产率，意味着政策实施后存在时间滞后效应。为此，构建如下实证模型检验政策实施的时间滞后效应：

$$GTFP_{it} = \alpha_i + \sum_{j=1}^{8} \mu_j du \times dt \times dLt_j + X_{it}\boldsymbol{\beta} + \lambda_t + \varepsilon_{it} \qquad (2-8)$$

其中，dLt_j 表示政策实施第 j 年的虚拟变量。μ_j 表示政策实施第 j 年的时间滞后影响。

第四节 实证结果与分析

一、描述性结果与分析

依据欧定义的全局 Malmquist – Luenberger（GML）及分解方法（Oh，2010），本章测度得到我国 30 个省份的绿色全要素生产率指数（*GTFP*）、技术进步指数（*BPC*）以及技术效率指数（*EC*）。在此基础上，进一步将 30 个省份分成东部、中部和西部三个地区，分别计算三个生产率指数的平均值，如表 2 – 3 所示。从全国整体来看，我国绿色全要素生产率的平均增长率为 3.91%，其中技术进步指数的平均增长率为 4.15%，技术效率指数为 – 0.21%，技术进步是 *GTFP* 增长的推动力量。分区域来看，中部地区的 *GTFP* 增长率最高，*GTFP* 增长不仅来源于较高的技术进步，还来源于先进技术利用效率的改善；西部省份的 *GTFP* 增长率为 3.24%，低于全国水平与其他地区，仔细观察分解项可以发现西部省份的技术进步与效率改进都是偏低的；东部地区的 *GTFP* 增长率具有较高水平，而技术进步领先于其他地区。由于绿色创新技术才是推动绿色全要素生产率持续改善的根源，必须制定合理的环境规制政策，将环境污染成本企业内化，强化绿色技术创新的激励机制，进而全面促进绿色技术的进步与创新。

表 2 – 3　　　　中国各地区绿色全要素生产率增长及其分解：2003 ~ 2014 年

区域	绿色全要素生产率		
	GTFP	BPC	EC
全国	1.0391	1.0415	0.9979
东部	1.0421	1.0423	0.9995
中部	1.0425	1.0409	1.0035
西部	1.0314	1.0327	0.9983

　　本章展示了我国 2003 ~ 2016 年各省份绿色全要素生产率的平均增长率，如图 2 – 1 所示。东部和中部省份的 GTFP 增长率都比较高，西部省份的 GTFP 增长率相对较低，不同地区的绿色全要素生产率增长差异可能是由于处于不同的发展阶段。就对照组和处理组的差异而言，处理组省份的 GTFP 增长率普遍高于对照组省份，隐含着排污费改革政策有利于提高省域绿色全要素生产率。在区域内比较对照组和处理组 GTFP 的差异同样可以发现处理组的绿色全要素生产率增速较快：福建、海南作为东部地区的对照组，GTFP 增长率相对于东部其他省份较低；山西、内蒙古、黑龙江等中部地区的处理组省份，GFTP 增速也略高于中部其他省份；广西、云南、宁夏、新疆等西部地区的处理组省份较西部其他省份明显具有较高的绿色全要素生产率增速。

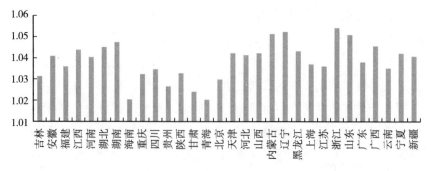

图 2 – 1　中国各省份绿色全要素生产率的平均增长率

尽管处理组的绿色全要素生产率增速较高，但是无法辨识这是来源于政策实施前还是政策实施后 GTFP 增长获得了提高。为此，本章展示了处理组与对照组 GTFP 增长率的时间趋势，如图 2 - 2 所示。在 2003～2008 年，处理组和对照组 GTFP 增长率并没有显著差异，在 2009 年两组省份的 GTFP 增长率开始出现比较明显的分化特征，处理组的 GTFP 增长率开始高于对照组，并且两组的差异在 2013～2016 年一直处于较大水平。由于 2008 年开始有较多省份实施排污费征收标准改革，处理组与对照组 GTFP 增长率的时间趋势差异特征表明排污费征收标准调整政策能够促进经济发展绿色转型。

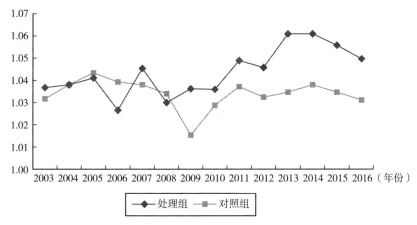

图 2 - 2　处理组与对照组绿色全要素生产率增长的时间趋势

二、双重差分法的估计结果与分析

本章采用虚拟变量最小二乘法估计式（2 - 6）的参数，模型 Ⅰ 和模型 Ⅱ 分别是考虑了和没有考虑其他绿色全要素生产率直接影响因素的估计结果，如表 2 - 4 所示。模型 Ⅰ 和模型 Ⅱ 中的倍差法估计量均显著大于 0，说明征收标准调整政策能够显著提高绿色全要素生产率。在控制其他因素情况下，$du \times dt$ 的系数为 0.0097 且在 1% 显著性水平下显著，说明排污费征收标准调整政策的实施引致绿色全要素生产率每年增长 0.97%，大约为绿色全要素生产率年均增长率的26%，征收标准改革政策对经济绿色转型的贡献比较大。

表 2 - 4   双重差分法估计结果

变量	LSDV 估计		PCSE 估计	
	模型 I	模型 II	模型 III	模型 IV
$du \times dt$	0.0109 *** (0.0031)	0.0097 *** (0.0035)	0.0119 *** (0.0039)	0.0106 *** (0.0040)
$LnRGDP$	0.0415 *** (0.0026)	0.0506 *** (0.0178)	0.0168 *** (0.0045)	0.0105 * (0.0063)
$LnKL$	- 0.0094 (- 0.0239)	0.0098 (0.0138)	- 0.0123 ** (0.0047)	- 0.0089 * (0.0047)
$Trade$		0.0024 (0.1052)		- 0.0121 (0.0733)
FDI		- 0.0234 * (0.0198)		- 0.0326 *** (0.0129)
$Market$		- 0.0268 (0.0583)		- 0.0278 * (0.0159)
S_Agg		0.0134 *** (0.0035)		0.0104 *** (0.0018)
$LnRD$		0.0118 *** (0.0026)		0.0064 (0.0135)
常数项	1.233 *** (0.1743)	1.264 *** (0.1836)	1.053 *** (0.0383)	1.006 *** (0.0395)
地区哑变量	Yes	Yes	Yes	Yes
时间哑变量	Yes	Yes	Yes	Yes
White 检验	0.0000	0.0000		
Woodridge 检验	0.0000	0.0000		
样本容量	420	420	420	420

注：括号内为标准误，*** 、 ** 、 * 分别表示1% 、5%和10%显著性水平下显著。

由于本章使用的数据是有截面数据和时间序列数据双重特征的面板数据，误差项通常情况下存在截面异方差和序列自相关。忽略序列相关会导致回归分析低估估计量的标准差，导致 t 统计量的取值偏大，存在过度拒绝原假设的风险（Bertrand et al.，2004）。为此，本章进一步采用 White 检验和 Woodridge 检验对回归模型进行异方差和一阶自相关检验，发现存在显著的异方差和自相关特征，说明 LSDV 估计量是存在偏误的。为了克服这些问题，采用能够处理异方差和自相关的面板修正标准差法（PCSE）估计式（2－6）的相关参数，估计结果见表 2－4 中模型Ⅲ和模型Ⅵ。考虑扰动项的异方差和自相关特征后，倍差法估计量（$du \times dt$ 的系数）在 1% 显著性水平下依然显著大于 0，支持征收标准改革政策促进经济绿色发展的观点。从影响程度来看，PCSE 估计结果的系数接近于 LSDV 的估计结果，标准误略高于 LSDV 的估计结果，排污收费标准调整政策引致绿色全要素生产率的增速提高了 1.06%，支持"波特假说"的观点。

控制变量的回归结果大致符合理论预期，反映研究的估计结果稳健可靠。经济发展水平越高，绿色发展和绿色技术创新的能力越强，表现为回归系数显著大于 0。生产服务业集聚有利于区域产业结构升级和完善产业分工体系（刘奕等，2017），对生产率发展有显著的正向影响，表现为回归系数显著为正。研发投入有利于技术水平的提高，能够促进绿色全要素生产率增长，回归系数符号为正。外商直接投资的回归系数在 10% 显著水平下显著小于 0，这是因为外商直接投资主要在工业领域，而工业经济的污染排放相对较多。资本深化程度、外贸依存度以及市场化程度的回归系数不显著，隐含着这些变量对 GTFP 增长率的影响相对复杂。

三、时滞效应的估计结果与分析

表 2－4 中估计结果只提供处理组实施排污收费征收标准调整政策后 GTFP 增长率的平均增长程度，无法反映政策实施时滞效应的周期特征。本章进一步估计政策实施后每一年对 GTFP 增长率的影响，并采用 PCSE 估计方法进行估计，如表 2－5 所示。在政策实施当年，绿色全要素生产率的增长率提高了 0.79%，但并不显著，说明征收标准调整的当年并没有

显著影响 *GTFP* 增长率。从第二年到第四年，排污费征收标准调整政策实施的效果逐年增加，在政策实施第四年对 *GTFP* 增长率的影响最大，*GTFP* 增长率提高了 2.48%。从系数显著性来看，第二年到第五年的回归系数是在 10% 显著性水平下显著大于 0，隐含着排污费征收标准调整的政策实施对 *GTFP* 影响的周期主要在 2～5 年。但是，第六年后的影响不显著可能是来源于数据样本不足的缺陷，即排污费征收标准调整政策对绿色全要素生产率可能存在更为持久的作用。就政策实施的累积效应而言，排污费征收标准调整政策实施能够带来绿色全要素生产率显著增长 8.47%，如果考虑不显著的年份，政策实施的实际效果更大。

表 2－5　　　　　　　　　　时滞效应的估计结果

变量	回归系数	标准误	相伴概率	累积效应	累积效应
滞后 1 期	0.0079	0.0172	0.4340	0.0079	—
滞后 2 期	0.0174	0.0097	0.0720	0.0253	0.0174
滞后 3 期	0.0248	0.0109	0.0240	0.0501	0.0422
滞后 4 期	0.0183	0.0094	0.0520	0.0684	0.0604
滞后 5 期	0.0243	0.0092	0.0090	0.0927	0.0847
滞后 6 期	0.0231	0.0148	0.1200	0.1157	—
滞后 7 期	0.0148	0.1237	0.9050	0.1306	—
控制变量	Yes	地区/时间	Yes	R^2	0.4217

四、差异化征收标准的调节效应

在污染排放收费标准调整改革过程中，部分省份选择了差别化排放费征收标准，这可能会对政策实施的效果产生影响。如果采用差别化排污费征收标准，政策实施的效果可能更佳：一方面污染排放严重的低效率企业会受到更为严厉的惩罚收费，绿色生产效率低的企业会很快被淘汰；另一方面缺乏污水废气污染物处理设施的企业面临着更高的排污费标准。因此，在绿色技术更新的倒逼机制和绿色生产效率的筛选机制双重作用下，差异化排污费征收标准对政策实施具有正向调节效应。为此，本章进一步检验差异化征收标准的调节效应，使用 LSDV 估计方法和 PCSE 估计方法的估计结果如表 2 - 6 所示。倍差法估计量在 1% 的显著性水平下显著大于 0，说明即使不采用差异化征收标准，排污费征收标准调整政策对我国省域绿色全要素生产率有显著的正向影响。此外，调节效应的回归系数在 5% 的显著性水平下显著大于 0，说明采用差异化征收标准地区的政策实施效果更为突出，差异化征收标准有显著的正向调节效应。

表 2 - 6　　　　　　　　　差异化征收标准调节效应的估计结果

变量	LSDV 估计		PCSE 估计	
	模型 Ⅰ	模型 Ⅱ	模型 Ⅲ	模型 Ⅳ
核心变量	0.0090 *** (0.0019)	0.0083 *** (0.0029)	0.0097 *** (0.0028)	0.0107 *** (0.0032)
调节变量	0.0028 *** (0.0004)	0.0018 ** (0.0008)	0.0029 *** (0.0010)	0.0021 ** (0.008)
控制变量	No	Yes	No	Yes
地区/时间变量	Yes	Yes	Yes	Yes
样本容量	420	420	420	420

注：括号内为标准误，*** 、 ** 、 * 分别表示1%、5%和10%显著性水平下显著。

第五节　进一步讨论与分析

前面采用双重差分法实证考察市场激励型环境规制对绿色全要素生产率的影响，但是存在处理组和对照组是否有共同的演化趋势、政策实施是否存在内生性等问题。为此，本章采用多种技术手段检验和克服这些问题带来估计结果的潜在偏差，这里不报告稳健性检验的回归结果。

（1）共同的时间趋势检验。双重差分法准确评估政策实施效果的前提条件是，假如各省份没有实施征收标准调整，处理组和对照组的绿色全要素生产率应该有共同的时间趋势特征。本章进行了如下安慰剂检验，将政策实施时间提前到 2005 年，采用 2003～2007 年的省际面板数据检验是否存在"政策干预效应"，由于江苏省在 2007 年实施了政策而剔除。如果安慰剂检验的倍差法估计量不显著，可以推断处理组和对照组之间存在共同的时间趋势特征，本章研究设计稳健可靠。反之，说明本章采用的双重差分法并不适合分析排污费征收标准调整政策的实施效果。安慰剂检验结果表明，2005 年虚拟的政策实施不存在显著影响。

（2）政策实施的潜在内生性。将征收标准调整的试点工作视作自然实验，必须假定政策实施是完全外生。但是，各省份可以自己选择政策参与和实施时点，征收标准改革政策参与可能存在潜在的内生性。本章从以下角度缓解政策实施潜在内生性：第一，仔细分析发现试点省份和非试点省份在政策试点前不存在 GTFP 增速的组别系统性差异；第二，依据经济发展水平、污染排放强度以及资本深化程度对处理组和对照组进行一对一匹配，按照倾向得分匹配的倍差法考察征收标准调整政策对绿色全要素生产率的影响，结果发现依然稳健；第三，将样本划分为东部、中部以及西部分样本回归分析，结果发现倍差法估计量在各区域都显著大于 0。稳健性检验结果一致表明，排污费征收标准调整政策实施效果是稳健的。

第六节　本章小结与政策启示

为了加强生态文明建设，近几年我国开展了一系列完善环境污染收费制度的改革工作。但是，这一系列的环境规制政策在减少污染排放的同时往往会带来经济增长速度的下滑，环境污染减少的福利能否弥补经济增长减速的代价？本章基于我国排污费征收标准调整的准自然实验，采用双重差分法实证检验市场激励型环境规制对绿色全要素生产率的影响。与以往研究相比，研究贡献为：在研究方法上，利用排污费征收标准调整这一项外生冲击，运用双重差分法准确衡量环境规制的作用效果，可以有效规避无法客观度量环境规制的数据限制和解决指标选取的内生性问题；在政策启示上，充分结合我国以环保税和"税制绿化"为代表的绿色财税制度改革的现实背景，为环境保护税税制改革和完善提供实证依据。实证结果表明，实施排污费征收标准调整政策的省份具有较高的绿色全要素生产率，并且处理组和对照组之间绿色全要素生产率增长率在 2013～2016 年保持较大的差异。此外，环境规制政策能够显著促进我国省域绿色全要素生产率，政策实施后绿色全要素生产率的增长率平均提高了 1.06%，支持"波特假说"。从政策实施的时间滞后影响的周期特征看，排污费征收标准调整对绿色全要素生产率的影响存在滞后效应，政策实施后 2～5 年绿色全要素生产率的增长率显著提高了，政策实施至少能够带来绿色全要素生产率显著增长 8.47%。此外，差别化的排污费征收标准对绿色经济增长的作用更为突出，采用差别化排污标准的地区在政策实施后省域绿色全要素生产率的平均增长率更高。通过一系列稳健性分析，检验双重差分法的可靠性以及克服政策实施的内生性后，以上结论依然成立。

2018 年，我国正式实施《中华人民共和国环境保护税法》，本章的实证结论对环境保护税的具体实践有着重要启示：首先，应该采取积极的态度对待环境保护税，坚信环境污染费的征收管理和污染物监测管理的规范更加有利于经济发展的绿色转型。其次，新推出的环境保护税税率依据"将排污费制度向环境保护税制度平稳转移"原则设定，这将远低于各省份的边际减排成本（涂正革，2010），意味着环境保护税税率存在较大上调空间，政府要不断从税率水平、覆盖范围以及计税标准等方面完善环境保护税。此外，环境保护税实施后，许多小微企业将面临更大的环保压力，相关部门要积极引导和扶持企业投资污染废弃物的处理设施，促使环境规制的作用从生产效率的淘汰机制转向技术更新的倒逼机制。最后，从长远来看，绿色经济主要依赖于绿色技术创新的激励机制有效运行。为了推动绿色技术进步与创新，应该强化对企业在污染治理技术创新方面提供更多帮助和支持，促使环境税政策的实施效果能够持续（孙焱林等，2016）。未来应该加强地方政府环境税收资金的监管，切实保障环境税收的资金用于环境污染治理行为和绿色技术创新活动，促使我国经济发展实现的绿色转型。

第三章 ///

碳约束政策与长江经济带
城市绿色经济效率

第一节 问题的提出

改革开放以来，中国工业化、城镇化进程逐渐加速，带来了城市经济高速而稳定的增长，但也产生了巨大的隐形成本，如越发严重的资源浪费和环境破坏。其中，化石能源的急剧消耗使得我国二氧化碳排放量与日俱增。据统计，2006 年后我国已成为世界上最大的二氧化碳排放国，二氧化硫等工业废弃物排放也常年居于世界前列，其对环境生态的影响越发不可忽视。2017 年，党的十九大报告指出，必须坚定不移贯彻"创新、协调、绿色、开放、共享"的五大发展理念，建立健全绿色低碳循环发展的现代经济体系。在全球气候变暖的背景下，碳排放加剧已不只是纯粹的环境问题，更是经济问题和发展问题。在绿色发展的视角下，二氧化碳等作为经济产出的"副产品"日益增加，说明了我国近年来高速的经济发展背后实际上存在着效率低下的问题，展现出明显的粗放型发展模式。因此，二氧化碳等"副产品"是否真的影响了我国经济绿色转型？如果是，对这种"副产品"进行抑制是否就能促进我国经济绿色健康发展？这都是研究我国绿色经济转型时不可回避的问题。

为解决我国经济发展隐形成本高，效率低下的问题，在降低经济的非期望产出角度，国家已进行了一系列的尝试，其中最为人所知的就是所谓的"碳减排"政策。在 2009 年 12 月的哥本哈根气候大会上，中国宣布了 2020 年二氧化碳排放量将在 2005 年的基础上下降 40%～45% 的减排目标，这是一系列具有明确目的性的碳排放约束政策的开端，其根本目的是推动我国经济发展模式由粗放向集约转变，倒逼经济实现绿色转型。至今，碳约束目标已提出近 10 年，目标节点 2020 年也即将到来，其政策效用也应开始显现。那么，碳约束目标作为一种约束"副产品"以促进经济绿色转型的手段，在它的约束下，我国绿色经济发展是否真的取得了长足的进展？而这种政策的具体效用是否又会受到一些其他因素的影响呢？对碳约束政策效应是否有效进行合理评估，是科学推动我国经济绿色转型的必然要求与必经之路。

同时，虽然中国碳约束政策主要是以行业约束的形式实现，但由于政策的具体执行者为地方政府，各地区制度背景、经济水平、执行能力的差异也使得碳约束政策在各个地区的效用有所不同，选取合适的研究对象将使研究的目的性与针对性更加明确。2015 年 3 月 26 日，国务院正式批复《长江中游城市群发展规划》，进一步提高了长江中游城市群在我国区域发展格局中的战略地位，并将其定位为中国经济全新的增长极，其发展迎来了新的机遇。但长江中游城市在承接东部地区与发达国家的产业、资本、技术转移时，也必然接受相应工业污染的转移，"污染天堂"效应使得经济发展与生态环境间的矛盾愈发严重，在这样的背景下，碳约束政策的效应似乎更不明确了。经济发展和环境保护是否就是一种非此即彼的关系？对于二氧化碳这种"副产品"进行约束，是否反而对经济增长有着负面的影响？作为我国经济增长的新引擎，长江中游城市群面临着前所未有的机遇，但也有着许多的挑战，科学推动长江中游地区经济发展与绿色转型，需要更丰富的理论与实证支持。以长江中游城市群作为碳约束政策效应评估的研究对象，是合理促进该地区经济绿色转型发展的有效保障，也为我国中部崛起、全方位深化改革开放的战略方针保驾护航。

一般认为，碳约束政策能在一定程度上抑制我国碳强度（单位 GDP 二氧化碳排放量）增长，但研究其对于我国经济绿色发展效率的影响时，存在着三个现实问题。一是应该如何衡量我国经济绿色转型程度；二是碳约束政策的实施是否真的促进了我国经济的绿色增长，三是应选择何种工具评估政策的效用。目前对此三者学术界都进行了一系列的讨论。

首先在如何衡量我国经济绿色转型程度上，学术界主要提供了两种思路。第一种思路是基于建立多层次评价指标体系的加权得分法。对此，许多国际组织都建立了自己的标准，如联合国曾提出的"环境与经济综合核算体系"（SEEA）与欧盟的"环境经济信息收集体系"（SERIEE）等几类绿色 GDP 核算体系。国内学者对此也进行了不少研究，但所构建的指标体系都不尽相同，所使用的权重计算方法也有所差异，其主要包括了熵值法、因子分析法、TOPSIS 法等方法。这一思路的主要问题在于评价指标体系构建时缺乏统一的标准，因此计算结果往往不具备普遍适用性。

其次是以环境全要素生产率（GTFP）或绿色发展效率（GEE）衡量地区的绿色发展水平，生产率或效率越高，则经济绿色发展状况越良好，这也是目前使用较为广泛的方法。在各类效率测度方法中，基于非期望产出的数据包络分析法（DEA）由于能有效处理多投入多产出的效率测度问题而被普遍采用。经由国内外学者数十年来的不断发展，该研究方法也不断成熟、完善，至今已有超过 160 种模型以供研究者选取。

DEA 方法最早采用 CCR 模型测度了各个生产单元的相对效率，随着环境问题的日益严峻，绿色发展的概念逐渐成为热点，处理环境负向产出成为 DEA 方法扩展的主要方向。钟等（Chung et al.，1997）、法尔等（Fare et al.，2007）将各类环境约束作为非期望产出引入方向距离函数（DDF），提出了绿色经济效率的概念并设计了对应的测度方法。但方向距离函数作为一种径向、导向的方法，其一方面没有兼顾投入与产出两个角度；另一方面容易高估生产效率。针对此，托恩（Tone，2004）提出了一种基于松弛变量的 SBM – DEA 模型解决了生产率被高估问题，福山和韦伯（Fukuyama and Weber，2009）又将 SBM 模型与 DDF 相结合，提出的SBM – DDF 模型彻底解决了方向距离函数法存在的两种缺陷。

国内学者们也合理运用各类 DEA 模型结合我国背景进行了不少实证、模拟分析。较早时，如沈可挺和龚健健（2011）运用方向距离函数测度了中国高耗能产业的环境全要素生产率；陈诗一（2010）基于方向性距离函数对我国节能减排的损益进行了模拟。随后，非径向非导向的方向距离函数被广泛运用于各类效率的测度中。典型的有王兵等（2011）运用 SBM – DDF 模型和 Luenberger 指数对于中国省际农业效率及农业全要素生产率进行了测度；杨志江和文超祥（2017）基于 SBM – DEA 模型对我国省际绿色发展效率的测度等。各类模型与方法中，SBM – DDF 展现出较为明显的优势，其综合考虑投入产出两个角度并解决了生产率高估问题，对于绿色发展效率的测度更加真实准确。

　　本章待解决的第二个问题是碳约束政策是否真的促进了我国经济的绿色增长，这一点学术界同样进行了许多讨论。虽然结果莫衷一是，但主流学者普遍认为，碳约束政策对于经济绿色增长的影响并非必然是正向的，其主要体现在政策可能会抑制经济产出。首先，碳约束政策在本质上是一种资源约束，地方政府施行政策时最普遍的手段是直接限制企业能源投入，由此产生的阻尼效应对经济增长产生了实质上的制约（张同斌，2017）；其次，碳约束政策会直接抬高化石能源等资源要素的价格，生产成本的增加降低了总供给与总产出（张友国等，2014；范庆泉等，2015），其对经济的影响显然具有负面的效果。但部分学者也指出，碳约束政策对于产出并非只有抑制作用。短期来看，资源要素价格上升是无益的，但在长期，碳约束政策有可能推动要素投入结构调整最终提高劳动等要素的需求（范庆泉等，2015），或以促进其他部门出口的形式实现环境质量改善和经济持续增长的双重红利（张友国等，2014）。显然，碳约束政策对于地区绿色发展的作用效果仍值得讨论。在地区绿色发展效率的视角下，碳约束政策也将从期望产出和非期望产出两个角度对 GEE 产生影响。一方面，碳约束政策通过降低非期望产出（二氧化碳）促进了地区 GEE 增长；另一方面，企业能源消费约束对于经济的阻尼效应或对于要素投入结构变动效应影响了地区产出，从而影响地区 GEE。因此，在提倡低碳经济、重视绿色发展的当今，碳约束政策对于地区 GEE 的具体效应并不确定，政策实施需要更多的理论、实证支持，目前也罕有将 2009 年碳约束政策与地区 GEE 直接联系的文献，更多可靠依据亟待提出。

　　最后，在政策评估技术方面，国内外学者们主要从数值模拟和实证分析两个角度出发，具体的模型有动态随机一般均衡、双重差分（DID）等。但数值模拟法的假设前提与参数选取均缺乏统一标准，也难以完全反映现实的复杂性，因此存在一定局限。相较而言，双重差分法以能实证分析政策的真实效应并有效避免内生性问题而被广泛使用。纳恩和钱（Nunn and Qian，2011）则对其进一步完善，提出的 Quasi - DID 即拟双重差分法不需要严格区分处理组与对照组便能评估政策的具体效用，这恰好符合 2009 年碳约束政策在全国范围内铺开的特征。此外，相较于双重差分法，Quasi - DID 引入了一种连续的处理变量，使得其能捕捉到数据中更多的信息，如处理变量对于政策效果的影响，可以为政策实施提供更多可靠建议，因此本章选取此方法评估碳约束政策的具体效用。

　　本章关于碳约束政策与城市绿色经济效率关系的研究具有一定的创新性。首先，以往对于政策的效用多采用 DID 即双重差分法进行评估，需要人为设定实验组与对照组，而碳约束政策自 2009 年底起开始在全国范围内实施，实验组和对照组难以界定。针对这一点，本章创新性地采用了 Quasi - DID 即拟双重差分法解决了这一问题。其次，长江中游城市群作为我国经济、生态协调发展的试验田，其绿色转型将对全国经济绿色增长起到有效的推动作用，探究碳约束政策对于长江中游城市绿色发展效率的影响，对我国当下经济发展模式的转变有着现实指导意义。此外，多数研究在实证研究过程中往往重视了政策对于二氧化碳排放的约束作用，而淡化了其对于产出的负面作用，本章就此进行了理论分析，并在实证检验中将碳约束政策的效用分为了两个部分，具有一定创新性。最后，一般的政策评估很少对影响政策效用的因素进行探究，本章使用的 Quasi - DID 法从碳强度的角度出发，分析了强化政策效用的方法。

第二节　制度背景与理论分析

一、制度背景分析

　　2009 年，中国政府正式提出了碳减排计划，并在宏观经济层面制定了一系列具体政策以推动产业结构调整、能源节约、新能源替代从而实现碳减排。同时，中央政府明确碳减排任务的具体执行应落实到区域层面，各地方政府将是未来十年内碳减排政策的具体实施人。为降低委托代理问题强化责任机制，碳强度降低目标将纳入地区经济发展整体规划并作为官员绩效考核的重要指标之一。为此，我国各地方政府围绕中央各类政策，也提出了一系列落实、保障措施以推动政策的具体实施。

从政策作用对象来看，企业特别是工业企业是政策作用的主体；从政策类型来看，我国碳约束政策主要可分为产业调整、能源约束两类。产业调整指政府通过引导或规制促进各行业、产业（尤指高能耗产业）合理收购、兼并、转型，从而消除落后产能、约束高能耗产业扩张，如 2011 年中国政府发布了《产业结构调整指导目录》对煤炭、化工、石化等行业的扩张进行限制，"十二五"节能减排规划对汽车、钢铁等行业进行合理收购、兼并的引导。能源约束指降低企业层面整体对于能源的消耗与碳排放量，具体方式有资源税改革与碳交易试点等。资源税改革方面，2010 年 6 月，财政部印发了《新疆原油天然气资源税改革若干问题的规定》，率先在新疆施行原油、天然气资源税的从价计征以增强资源价格中税收因子的调节作用，并于同年 12 月将资源税改革试点扩大到西部 12 个省区；2011 年 10 月，国务院发布的《国务院关于修改〈中华人民共和国资源税暂行条例〉的决定》提高了焦煤资源税税率；直至 2014 年，作为我国碳排放最大源头的煤炭开始在全国范围内从价计征，从成本上约束企业能源消耗基本实现。碳交易试点方面，国家发改委于 2011 年 10 月印发了《关于开展碳排放权交易试点工作的通知》，在以北京为首的 7 个省市实施碳交易试点政策；2017 年 12 月，《全国碳排放权交易市场建设方案（发电行业）》印发，标志着全国碳排放权交易市场正式建立。这一政策的实施在约束企业能源消耗的基础上实现了碳交易市场的有效配置，降低了社会减排成本，激励了企业减排。

总的来看，各类具体政策的起点都是 2009 年 10 月哥本哈根联合国气候变化会议上中国提出的碳减排计划，这些政策也都是宏观碳约束政策的组成部分和具体表现，因此，选取 2010 年作为宏观碳约束政策的起点评估该政策对于地区绿色发展的具体效用，从而将对我国碳减排计划作出合理评估，有益于未来国家可持续发展计划的制订。

二、理论机制分析

众多研究表明，碳政策在微观层面将主要作用于企业，企业在政策约束下的利润最大化行为导致了碳政策对于地区 GEE 的不同影响效果。具体来看，其作用机制大体可分为两个方向，因此政策的具体效用存在着不确定性。非期望产出角度，能源约束将有效降低企业层面的化石能源消费量，产业结构调整将直接关停、整治一批高耗能企业，两者都能显著降低碳排放，促进地区 GEE 增长。期望产出角度，在要素投入结构尚未调整完成时，能源约束短期的阻尼效应必然会导致企业减产从而对经济增长产生抑制作用（张同斌，2017），而不仅产业结构的调整面临着阵痛，能源要素投入结构调整也可能使中国经济发展迈入"中等收入陷阱"（马丽梅等，2018）。特别在政府官员并非全是"理性经济人"的背景下，与考核绩效挂钩的减排目标可能导致政府向企业施加强制、非理性的压力以实现短期减排，从而产生了一些负面效果（Yang et al.，2017）。碳排放权交易政策是政府在降低碳政策负面效应方面做出的尝试，其能利用市场机制促使减排成本低的企业多减排，成本高的企业少减排，从而降低全社会减排总成本，但具体落实仍依赖于有效的监督与管制，能否彻底抵销碳约束政策的负面效应仍未可知，因此短期来看，碳约束政策对于 GDP 的负面作用仍较为显著。在长期，碳政策对于期望产出 GDP 的影响将更加复杂。能源约束和产业结构调整都将对企业形成倒逼机制从而促进要素投入结构调整，也使得行业间生产效率重新配置，长期来看，这对于经济增长是有利的，这些调整一旦完成，会部分甚至全部抵销碳约束政策对于 GDP 的负面影响（范庆泉等，2015），使得碳约束政策只抑制了碳排放对于 GEE 的负面效应，从而实现了环境改善和经济增长的双重红利，即绿色可持续发展。因此，碳约束政策对于 GEE 的总效应包括碳排放和经济发展两个方面的效应（见图 3-1）。

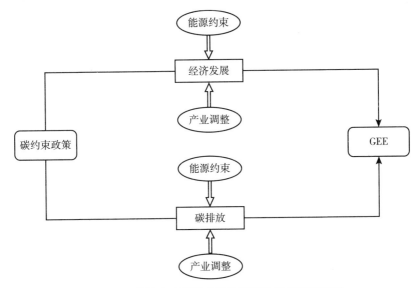

图 3 - 1　碳约束政策影响绿色经济效率的作用机制

　　在政策的具体效应明确后，我们关心另外一个问题：碳约束政策的效应可能存在区域异质性，那么到底何种因素能够促进政策更好地发挥提升环境绩效的作用呢？最直观来看，由于地方政府是碳约束政策的具体执行人，地方政府的环境重视程度、环境监管力度、政策保障程度都能直接影响政策的落实效率。除了政府因素之外，经济因素、环境因素对于碳约束政策的效应也存在一些影响，比如，地区的碳排放强度。地区较高的碳排放强度往往代表着更高的化石能源消费依赖程度、更不合理的产业结构或者更低的生产效率，政府一旦介入能耗整治，其理应存在更大的治理空间；而较低的碳强度则表明地区低碳经济发展良好，即便碳政策实施，碳强度也很难取得明显的下降。因此，政府行为不变的情况下，碳强度和碳约束政策的效用应展现出明显的正相关关系。

　　结合以上分析，本章做出以下假设：

　　假设 1：碳排放对地区绿色经济效率存在显著的抑制效应，碳约束政策减弱了这种效应。

　　假设 2：经济发展水平对地区绿色经济效率存在显著的促进作用，碳约束政策增强或不影响这种促进作用。

假设3：在碳排放和经济发展的双重作用下，碳约束政策在总体上促进了地区绿色经济效率提升。

假设4：碳强度高的地区，碳约束政策提升绿色经济效率的效应更强。

第三节 实证研究设计

一、计量经济模型构建

2009年12月，中国政府正式开始实施碳约束政策，基于准自然实验的思想，本章选取2010年作为实验组开始受政策影响的年份。但碳约束政策和传统准自然实验的差异在于该政策是在全国范围内普遍展开，没有明显的试点城市，因此所有城市均被视为实验组。基于此，本章采用拟双重差分法（Quasi – DID）对该政策的效应进行评估。

拟双重差分法和双重差分法的主要区别在于其使用连续型处理变量替代了组别虚拟变量，实验组城市取值为1，对照组城市取值为0。控制处理变量前提下，比较政策实施前后的绿色经济效率变化，如果绿色经济效率在政策施行后显著高于政策施行前，则可认为碳约束政策促进了地区的绿色发展，反之亦然；控制虚拟变量的前提下，比较绿色经济效率变化和碳强度的变化，则可得到两者间的相关关系。依据纳恩和钱（2011）的研究，设定计量模型如下：

$$GEE_{it} = \alpha_i + \alpha_1 CI_{it} + \alpha_2 CI_{it} \times D_t + \alpha_3 X_{it} + \lambda_t + \varepsilon_{it} \qquad (3-1)$$

其中，i代表地区，t代表年份；GEE为城市的绿色经济效率；CI为连续型处理变量碳强度，即单位GDP的二氧化碳排放量；D为政策实施的时间虚拟变量，2010年及以后年份取值为1，之前年份取值为0；$CI \times D$为碳强度与政策时间虚拟变量的交互项；X为其他控制变量；α_i、λ_t分别为个体固定效应和时间固定效应；α_1、α_2、α_3为待估计的系数，其中，α_2为拟双重差分法估计量，代表碳政策以碳强度为处理变量时对于地区GEE的作用。若α_1显著小于0，α_2显著大于0，则代表碳约束政策抑制了

碳强度对于地区 *GEE* 的负面作用。

参考各类文献，本章选取控制变量如下：

科研投入（*psci*）：选取地方财政科学技术支出占地方财政总支出比重衡量科研投入。一方面，财政科学技术投入能有效促进地区创新与技术进步，从而促进宏观全要素生产率增长；另一方面，R&D 投入提高了能源利用效率，可能通过降低能源投入与二氧化碳排放以提高地区 GEE 水平。

教育投入（*pedu*）：选取地方财政教育支出占地方财政总支出衡量教育投入。一方面，舒尔茨等人认为人力资本是促进经济增长的重要因素，教育作为人力资本积累的主要方式将直接促进地区经济增长；另一方面，教育是推动科技创新的主要动力，其可以通过作用于地区科技创新从而对地区经济增长产生间接推动作用。总体来看，教育投入将会有效促进地区 GEE 增长。

他国技术溢出（*pfdi*）：选取地方当年实际使用外资金额占 GDP 比重衡量他国技术溢出效应。一方面，国家技术进步很大程度上依赖于对国际 R&D 溢出的吸收，而 FDI 代表着发达经济体的先进技术向国内的转移，很好地衡量了国际 R&D 的溢出效应；另一方面，FDI 也可能导致"污染天堂"效应，即外商直接投资更多体现于高污染产业的转移。因此他国技术溢出对于本国 *GEE* 的作用具有不确定性。

产业结构（*structure*）：选取地区第三产业增加值与第二产业增加值之比衡量地区产业结构。据王群伟等（2010）的研究，产业结构高级化对于二氧化碳减排绩效具有显著的正面影响。因此产业结构对于 *GEE* 可能存在正向的拉动作用。

人口规模（ln*pop*）：选取地区年末总人口数的对数衡量人口规模。人口规模对于 *GEE* 可能存在双向影响。一方面，克雷默内生增长理论将技术进步内生化为人口规模的增长，其指出人口增加与技术进步存在着循环往复的相互促进过程，对全要素生产率有带动作用；另一方面，人口规模的增长又给环境资源带来了压力，其可能增加各类非期望产出的排放从而抑制了 *GEE*。因此人口规模对于 *GEE* 的影响具有不确定性。

除此之外，为降低可能存在的遗漏变量偏差，还选取了地区经济发展水平（lnpgdp）、资本深化程度（lnpk）、外贸依存度（tr）等可能相关的控制变量以提高结果稳健性。

二、绿色经济效率测度介绍

本章采用福山和韦伯（2009）将托恩（2004）的 SBM 模型与方向距离函数相结合提出的 SBM – DDF 模型测度长江中游各地市的绿色经济效率，其最大的优势在于即兼顾了投入与产出两个角度，又解决了存在松弛变量时生产率容易被高估的问题，因此在效率测度时被广泛采用。SBM – DDF 具体模型如下所示：

$$GEE = S_C^P(x^{tj}, y^{tj}, b^{tj}, p^x, p^y, p^b) = \max \frac{\frac{1}{N}\sum_{n=1}^{N}\frac{S_n^x}{p_n^x} + \frac{1}{M+1}\left(\sum_{m=1}^{M}\frac{S_m^y}{p_m^y} + \sum_{i=1}^{l}\frac{S_i^b}{p_i^b}\right)}{2}$$

$$(3-2)$$

$$\text{s. t.} \sum_{t=1}^{T}\sum_{j=1}^{J}z_j^t x_{jn}^t + S_n^x = x_{jn}^t, \forall n; \sum_{t=1}^{T}\sum_{j=1}^{J}z_j^t y_{jm}^t - S_m^y = y_{jm}^t, \quad \forall m;$$

$$\sum_{t=1}^{T}\sum_{j=1}^{J}z_j^t b_{ji}^t + S_i^b = xb_{ji}^t, \quad \forall i;$$

$$\sum_{j=1}^{J}z_j^t = 1, \ z_j^t \geq 0, \ \forall j; \ S_n^x \geq 0, \ \forall n; \ S_m^y \geq 0, \ \forall m; \ S_i^b \geq 0, \ \forall i$$

其中，t 代表年份，j 代表省份，x，y，b 分别为投入、期望产出、非期望产出向量；p 为方向向量，p^x，p^y，p^z 分别表示投入减少、期望产出增加、非期望产出减少；S_n^x，S_m^y，S_i^b 分别表示投入、期望产出、非期望产出的松弛变量，若 S_n^x 和 S_i^b 为正，则表示实际投入和非期望产出大于边界的投入和产出；若 S_m^y 为正，则表示实际产出小于边界产出。

指标方面，本章劳动力、资本存量、能源投入作为投入，实际 GDP 作为期望产出，工业二氧化硫、工业废水和化石燃料产生的二氧化碳作为非期望产出以计算长江中游各地级市的绿色经济效率。

其中，各地资本存量数据无法直接获得，本章采用永续盘存法对其进行估算，具体计算方式如下：

$$K_{i,t} = (1-\delta_{i,t})K_{i,t-1} + I_{i,t}/P_{i,t} \tag{3-3}$$

其中，K 表示资本存量，I 表示固定资产投资额，P 表示价格指数，δ 表示资本折旧率。对于基期资本存量的确定方法，一般来讲有增长率法和计量法两种，而前者被更广泛运用，其基本思路是"稳定时期资本产出比不变，物质资本增长速度等于总产出增长速度"，因此本章也以此测度长江中游各地市的基期资本存量：

$$K_{i,t-1} = I_{i,t} / (g_{i,t} + \delta_{i,t}) \qquad (3-4)$$

三、各个地区碳排放估算方法

Quasi – DID 法和普通 DID 法的一种差异在于，其需要设定一种变量作为处理变量，而若想将碳约束政策对于地区绿色经济效率的效用与碳排放挂钩，最好的方式是将碳强度作为一种处理变量纳入模型。同时，在测度地区绿色发展效率 GEE 时，碳排放量也应作为一种非期望产出纳入模型之中。但目前来看，国内并没有与碳排放相关的数据库，二氧化碳排放量数据无法直接获得，因此，许多学者就二氧化碳排放量的估算进行了研究。其中，运用较广的是陈诗一基于能源消费量及碳排放系数的估算法，本章也以此对长江中游各地市二氧化碳排放量及碳强度进行估算。具体公式如下：

$$CO_2 = \sum_{i=1}^{n} CO_{2,i} = \sum_{i=1}^{n} E_i \times SC_i \times NCV_i \times CEF_i$$
$$\times COF_i \times \frac{44}{12} = \sum_{i=1}^{n} E_i \times CC_i$$

其中，CO_2 代表二氧化碳排放量；$i = 1, 2, \cdots, n$ 代表各类一次能源，考虑各地市公布的主要消费能源品种不同，各地区 n 的取值不同，主要包括原煤、焦炭、汽油、煤油、柴油、燃料油、液化天然气、天然气、石油焦等；E 为各类能源的实物消费量；SC 为能源对应的折标煤系数；NCV 为平均低位发热量；CEF 为 IPCC（2006）提供的碳排放系数；COF 为碳氧化因子；44、12 为二氧化碳和碳的分子量；CC 即为各类能源的二氧化碳排放系数。

在主要能源的选取中，本章未考虑原油和电力，原因在于原油往往作为中间产品，主要用于炼制其他油品；电力能源中则只有火力发电会产生二氧化碳，火电以消耗煤炭为主，二者皆会导致二氧化碳产生量的重复计算（黄向岚等，2018）。

最后，二氧化碳排放强度即为二氧化碳排放量与地区生产总值之比。

依据 IPCC（2006）计算的主要化石能源 CO_2 排放系数如表 3 - 1 所示。

表 3 - 1　　　　　　　　主要化石能源二氧化碳排放系数

	单位	原煤	焦炭	汽油	煤油	柴油
CO_2 排放系数	吨/吨或吨/万立方米	1.9003	2.8604	2.9251	3.0179	3.0959
	单位	燃料油	液化石油气	天然气	石油焦	
CO_2 排放系数	吨/吨或吨/万立方米	3.1705	3.1013	21.6700	3.6570	

四、变量说明与描述性统计

本章以长江中游城市群共 26 个地级市为研究对象，湖北省仙桃、潜江、天门三市因大段数据缺失而剔除，样本选取期间为 2004 ~ 2017 年。本章涉及相关数据主要来源于历年《江西统计年鉴》《湖南统计年鉴》《湖北统计年鉴》，EPS 数据库及部分地级市统计年鉴。变量描述性统计如表 3 - 2 所示。

表 3 - 2　　　　　　　　变量描述性统计

变量	变量名称	均值	标准误	最大值	最小值
GEE	绿色经济效率	0.6237	0.2272	1	0.1580
CI	碳强度	2.1793	1.7720	12.0777	0.1685

续表

变量	变量名称	均值	标准误	最大值	最小值
psci	财政科研投入强度	0.0127	0.0124	0.1627	0.0009
pedu	财政教育投入强度	0.1655	0.0360	0.3258	0.0842
pfdi	他国技术溢出	0.0035	0.0022	0.0112	0.0002
tr	贸易依存度	0.1007	0.1131	0.7699	0.0057
structure	产业结构	0.6365	0.0546	1.2495	0.3048
Ln*pop*	人口规模	5.9665	0.6019	6.7495	4.6475
Ln*k*	资本深化	10.4772	1.0272	12.5713	8.3393
Ln*gdp*	经济发展	10.2061	0.7134	11.9646	8.4762

接着，本章对主要变量之间的关系进行了可视化处理以初步研究其之间的关系。如图 3 - 2 和图 3 - 3 所示，碳强度 *IC* 和地区绿色经济效率呈现出较为明显的负相关关系，地区人均产值（*pgdp*）和绿色经济效率呈现出较为明显的正相关关系，这跟我们假设中的预期相符。因此，如若碳约束政策的确抑制了碳排放对于绿色经济效率的负向作用、促进或不影响 GDP 对于绿色经济效率的正向作用，从而促进了地区绿色经济效率增长，则拟双重差分法估计量 a_2 将显著为正，下面将对此进行具体分析。

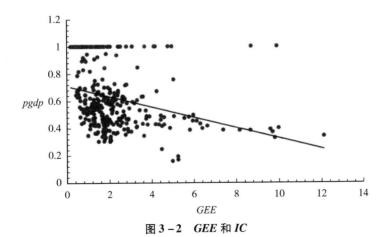

图 3 - 2 ***GEE*** 和 ***IC***

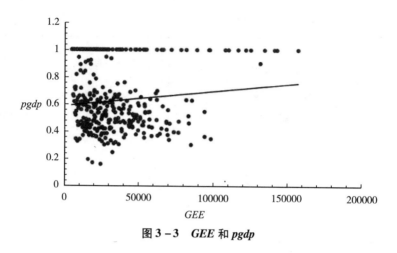

图 3 - 3　GEE 和 *pgdp*

第四节　实证结果与分析

一、绿色经济效率测度结果分析

图 3 - 4 为我国长江中游城市群 26 个地级市 2005～2017 年的平均 GEE（SBM - DDF），26 个城市 13 年间平均 GEE 约为 0.6237。排名前十的城市为常德、武汉、黄冈、鹰潭、荆州、长沙、咸宁、萍乡、荆门、益阳，其中有 5 个属于湖北，3 个属于湖南，2 个属于江西；排名后十的城市为景德镇、孝感、娄底、宜春、黄石、上饶、新余、宜昌、湘潭、九江，其中有 3 个属于湖北，2 个属于湖南，5 个属于江西。

分地区来看，三个省份的平均 GEE 由高到低分别为湖北、湖南、江西。湖北平均的 GEE 约为 0.6752，高于长江中游城市群整体平均值，且最高值达到了 0.9875，十分接近 GEE 前沿面。湖南平均的 GEE 约为 0.6358，和城市群总体均值较为接近。江西平均 GEE 最低，约为 0.5474，明显低于城市群整体水平，和其他两省差异也比较明显。总的来说，三个省的省际 GEE 差异较大，其中江西地区处于明显落后位置，具有较大的上升空间。

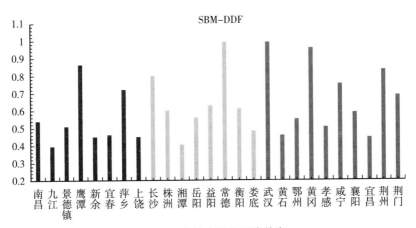

图 3 - 4　各地市绿色经济效率

在各省内部，GEE 的差异也十分明显，湖北、湖南、江西三省最高 GEE 与最低 GEE 的差值分别为 0.5427、0.5862、0.4732，三省 GEE 标准差分别为 0.1897、0.1731、0.1515，落后城市和领先城市间存在巨大的鸿沟，其差异又以湖北省最为显著，各省内部如何解决发展不均衡问题亟待研究。

图 3 - 5 展示了长江中游城市群整体与湖北、湖南、江西三省历年 GEE 的变动，各地区 GEE 均展现出明显的先平缓后下降再上升趋势。由 2005 年开始，整体 GEE 展现出小幅波动趋势，湖南地区 GEE 有所下降，这可能是由于生态问题的日益激化使得经济非期望产出对 GEE 产生了向下拉动的作用；在 2011 年、2012 年左右整体 GEE 开始明显下降，于 2014 年达到低谷，这和此前理论推断中碳约束政策的短期效用相符合，经济转型的"阵痛"可能是 GEE 降低的主要原因；随后整体 GEE 开始回升，说明在长期，环境和经济的双重红利是可以实现的。

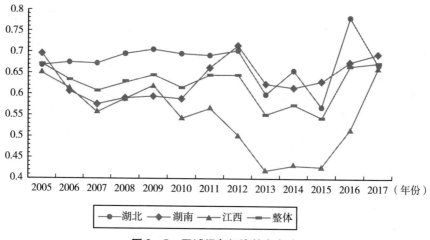

图 3 - 5 　区域绿色经济效率变动

二、碳 约 束 政 策 效 应 评 估

　　本章首先选取碳强度作为处理变量，采用虚拟变量最小二乘法估计参数。模型 I 为不考虑控制变量的估计结果，模型 II 为考虑所有控制变量的估计结果，模型 III 为剔除部分不显著控制变量后的估计结果。考虑到面板数据可能存在的异方差与自相关问题，本章采用异方差自相关一致标准误中的集群标准误（clustered standard errors）进行统计推断以保证结果的稳健性。具体参数如表 3 - 3 所示。

表 3 - 3 　　　　　　　　　　　系数估计结果

变量	模型 I	模型 II	模型 III
常数项	1.0881 *** (0.0496)	-2.4925 (4.1906)	-1.0370 (1.7425)
CI	-0.0204 (0.0176)	-0.0336 * (0.0201)	-0.0335 * (0.0190)
$CI \times D$	0.0213 (0.0133)	0.0244 * (0.0145)	0.0255 * (0.0139)

续表

变量	模型 I	模型 II	模型 III
Ln$pgdp$		0.5243 ** (0.1873)	0.4912 *** (0.1728)
Lnpk		−0.2657 * (0.1165)	−0.2775 ** (0.1042)
$pfdi$		−3.2852 * (1.6124)	−3.0918 ** (1.5509)
$psci$		−1.5982 (1.0341)	−1.6025 (1.0148)
$pedu$		0.0938 (0.3453)	
tr		0.0375 (0.1877)	
$structure$		0.0474 (0.1211)	
Lnpop		0.1654 (0.4882)	
个体固定效应	Yes	Yes	Yes
时间固定效应	Yes	Yes	Yes
R − squared	0.6402	0.6632	0.6669
样本容量	338	338	338

注：括号内为标准误，*** 、** 、* 分别代表 1%、5%、10% 的显著性水平下显著。

　　在三种模型中碳强度 CI 的系数 a_1 都为负，且模型 II 和模型 III 中系数在 10% 的显著性水平下均显著，说明在未实施碳约束政策时，碳强度对地区 GEE 有着明显的抑制作用，且估计结果较为稳健，这证明了假设 1 的部分猜测；在模型 II 和模型 III 中拟双重差分法估计量 a_2 均显著为正，说明碳约束政策的实施有效抑制了碳排放对于 GEE 的负面作用，即同等碳强度下，碳约束政策的实施将显著促进地区 GEE 增长，具体而言，单位碳强度下，政策实施后地区绿色经济效率提高了约 2.55%，这证明了假设 1 的剩余猜测；此外，正的系数也表明了碳强度对于碳约束政策效用的影响，其预示一个碳强度更高的地区（相较更低地区）在碳约束政策实施后绿色经济效率会取得更高的增长，这证明了假设 4 的猜测；在模型 Ⅱ 和模型 Ⅲ 中，a_1 和 a_2 之和小于 0，说明碳约束政策实施后碳强度的增长依然对 GEE 有着抑制作用，但其效用明显降低，这与事实相符，进一步验证了结果的稳健性。

从控制变量来看，变量 Lngdp 系数为正且在 1% 的显著性水平下显著，说明经济发展水平的提高有效促进了地区创新及绿色发展，提高了 GEE 水平。Lnk 系数为负，且在 5% 的显著性水平下显著说明资本深化对地区 GEE 具有抑制作用，这可能是由于中国资本深化中政府投资扮演了重要的角色，据一些学者的研究，政府为主导的资本过度深化会降低经济效率。变量 FDI 系数为负且在 10% 的显著性水平下显著，说明外商直接投资抑制了 GEE 的提高，这可能是由于 FDI 双重效应共同作用的结果：一方面，FDI 蕴含的他国先进技术有效地提高了产出；另一方面，产业转移中外资的流入主要集中在工业领域，带来了污染排放的转移，即"污染天堂"效应的一种表现，而 FDI 带来后者的负面效用可能大于正面效用。其他变量系数不显著，说明其对 GEE 影响不明显，或存在更为复杂的作用机制。

由模型 Ⅰ 到模型 Ⅲ，控制变量不断调整，系数逐渐显著，各控制变量效果也大多符合预期，说明模型具有不错的稳健性。

三、进一步讨论与分析

将 Quasi – DID 模型中的处理变量更换为地区人均产值并取对数，模型 Ⅰ 为不考虑控制变量的估计结果，模型 Ⅱ 为增加控制变量后的结果。

如表 3 – 4 所示，模型 Ⅱ 中 a_1 在 10% 的显著性水平下显著为正，说明人均产值对于地区 GEE 有着显著的促进作用，这证明了假设 2 的部分猜想；倍差法估计量 a_2 为正但不显著，说明长期来看碳约束政策并没有抑制人均 GDP 对于 GEE 的促进作用，甚至有着不明显的促进作用，即在长期碳约束政策对于企业要素投入结构调整、产业结构调整产生的正面作用基本抵消了其对于企业生产的"阻尼效应"。这证明了假设 2 的剩余猜想。同时，不显著的系数也证明人均 *GDP* 并非显著影响政策效用的因素之一。

表 3 – 4　　　　　　　　　　　进一步讨论与分析

	模型 I	模型 II
常数项	– 0. 5294 (1. 6122)	0. 2920 (1. 6713)
Ln*pgdp*	0. 1703 (0. 1748)	0. 3269 * (0. 1734)
Ln*pgdp* × *D*	0. 1938 ** (0. 0819)	0. 1158 (0. 0844)
CI		– 0. 0289 (0. 0239)
Ln*pk*		– 0. 2583 ** (0. 1123)
pfdi		– 2. 2380 (1. 6959)
个体固定效应	Yes	Yes
时间固定效应	Yes	Yes
R – squared	0. 6867	0. 6998
样本容量	338	338

整体来看，碳约束政策对地区 *GEE* 的碳强度抑制效应较为明显，其能有效降低碳强度增长对于地区 *GEE* 的抑制作用，从而促进了地区 *GEE* 增长；而该政策并没有抑制地区人均产值对于 *GEE* 的促进效应，甚至有不显著的促进效应。碳约束政策对于地区 *GEE* 的双重作用一重显著为正，一重不显著，说明我国碳约束政策对长江中游城市群 *GEE* 有着显著的促进作用。

第五节 结论与政策启示

为降低碳排放实现经济绿色发展，2009年底我国提出了长期的碳约束目标，随后开始施行的一系列碳政策构成了宏观的碳约束政策。那么，从2010年开始的碳约束政策是否真的促进了我国长江中游地区绿色经济效率增长？其具体效用要从两个方面考虑：一方面，其是否抑制了碳排放增长对地区绿色经济效率的负效用；另一方面，其是否促进了人均 GDP 增长对地区绿色经济效率的正效用。因此，本章首先运用SBM-DDF测度了长江中游城市群各地市的绿色经济效率，又采用 Quasi-DID 拟双重差分法就以上两个问题进行了研究，我们发现：长江中游城市群各省间、各省内绿色经济效率差异均较为显著，绿色经济发展表现出明显的区域不均衡，且绿色经济效率在碳约束政策实施前后展现出先平缓后下降最终上升的趋势。其次，碳排放对地区绿色经济效率存在着抑制作用，地区人均产值对绿色经济效率存在着促进作用，碳约束政策的实施减弱了碳排放的抑制作用，不显著地增强了人均产值的促进作用，整体来看，单位碳强度下，碳约束政策的实施提高了长江中游地区绿色经济效率约 2.55%。此外，碳强度是影响碳约束政策效用的重要因素，控制其他条件不变的情况下，地区碳强度越高，碳约束政策实施后效用越明显。最后，政策变量外，政府主导的资本深化、外商直接投资均对地区绿色经济效率存在负面影响。

依据本章的实证结果，可以引申出几点政策建议：首先，碳约束政策对于地区绿色经济效率虽然具有双向的影响，但短期"阵痛"带来的经济产出损失会在长期被弥补，碳约束政策终会带来环境和经济的双重红利，促进经济绿色转型，因此应当采取更积极的态度面对碳约束政策。其次，资源投入约束和政府"非理性"的行政式减排等因素在短期内会导致碳约束政策的效用为负，因此应当丰富并优化碳约束政策的形式，采取合理手段降低碳约束政策的成本，如加快完善碳排放权交易制度，建立健全的碳排放权交易市场，督促相关部门以引导、扶持而非强制关停等手段实现碳减排目标等。此外，碳约束政策的作用效果和地区碳强度息息相关，针对碳排放较多的城市与地区，应更加严格执行碳约束政策，这也是推动高碳强度地区经济绿色转型更加有效的方法。最后，长江中游城市群作为我国经济的全新增长极，仍有许多潜力尚未挖掘，但不加干预的产业转移也带来了环境问题的加剧，致使绿色经济效率下滑，因此在发挥其经济新引擎功效时，也应搭配合理的环境政策，促进经济增长的同时要减弱对于生态环境的破坏以促进经济绿色转型。

综上所述，我国应丰富碳约束政策的具体形式与内容，大力推进碳约束政策的出台与落实，加强对于高碳排放地区的碳监管约束，以强化长江中游城市群对于我国绿色经济的拉动作用，实现我国经济绿色转型。

第四章///

环境保护税改革与工业企业绿色技术创新

第一节 问题的提出

近些年，随着我国居民的生态环境保护意识和对美好生态环境的诉求日益增强，环境污染的综合治理对于提升民众福祉和推动经济持续发展显得越发重要且极其紧迫。党中央和国务院适时做出了推进生态文明建设的重大决策部署，绿色发展理念也成为我国新时代工业经济发展的主题，更成为工业经济由高速度发展阶段迈向高质量发展阶段的必然选择。在绿色发展理念引领下，国家绿色发展战略规划对经济社会绿色发展提出了具体要求，鼓励企业绿色创新被认为是破解经济增长环境约束难题的关键。2018 年，我国正式实施了《中华人民共和国环境保护税法》，旨在通过市场型环境规制内部化环境污染成本，提升资源配置效率、激励企业绿色技术创新以及实现经济发展绿色转型。目前，我国按照"税负平移"原则将排污费改为环境保护税，在此背景下，如何优化环境保护税税收体系，以税收政策调整杠杆撬动企业绿色技术创新？针对这些问题的回答，对于我国工业经济高质量发展意义重大。

环境资源开发与利用具有明显的外部性特征，外部性理论对环境污染治理则存在两种截然不同的外部性内化路径："庇古税"路径与科斯"产权"路径。作为"庇古税"路径纠正环境外部性的环境规制工具，环境税被认为可以激发企业绿色创新活力，即"波特假说"（Porter and Der Linde，1995；Wang and Shen，2016；蔡乌赶和周小亮，2017）。国内学者对我国环境保护税的实施及其创新效应给予了较高期许。但是，环境保护税诱导企业绿色技术创新的假设是否成立及其效果与其他经济条件以及企业异质性特征密切相关（Requate，2005；魏月如，2018）。如何深层次推动环境保护税费改革，诱导企业绿色技术创新？有学者指出政策工具配套设计和环境税率优化选择是环境保护税驱动企业绿色技术创新的关键，环境保护税实施过程中必须兼顾其外部性和扭曲性（Ohori，2012；范庆泉等，2016；童健等，2017）。

现有考察环境税与企业行为关系的相关文献，主要选取环境相关的所有税收、排污费收入等替代性环境税指标，存在较强的主观性和内生性（徐保昌和谢建国，2016；于连超等，2019）。我国始于 2007 年的排污费征收标准调整改革实践，为识别环境保护税与经济社会变量的因果效应提供了准自然实验。已有文献利用该准自然实验，考察环境保护税的经济影响（卢洪友等，2019）、减排效应（刘晔和张训常，2018；郭俊杰等，2019）以及生产率效应（温湖炜和周凤秀，2019）。如何结合环境税费征收标准调整政策与环境保护税及其改革的实质内涵进行研究设计，进而考察环境保护税实施的微观经济效果？不同省份政策调整针对的污染物不同，政策实施是通过污染排放的淘汰机制还是绿色技术创新的倒逼机制实现减排效应？现有文献尚未就这些问题展开详细探讨。

本章利用独特的企业层面污染排放数据，首次尝试从微观企业层面考察排污费标准调整政策对企业清洁生产技术选择与绿色全要素生产率的异质性效应，揭示环境保护税改革与企业绿色技术创新的因果关系。研究方法上，通过利用环境税费标准调整的外生冲击准自然实验，运用倍差法量化评估环境税规制的作用效果，可以有效规避无法客观度量环境税的内生性问题。研究内容上，立足于环境保护税改革内容，考察环境税费标准调整对绿色技术创新作用效果受政策执行力、绿色财税制度以及企业规模的异质性影响。本章的研究不仅丰富了环境规制理论的相关文献，还为我国环境保护税税制体系和绿色财税制度改革提供了具有借鉴价值的实证依据。

第二节　制度背景和研究假说

一、制度背景分析

环境税是国际税收学界广泛讨论的话题，但至今没有普遍接受的统一定义。目前，环境税的范围基本涵盖了资源税、能源税、交通税和排污税四大体系，通过市场型的环境规制手段内化环境资源损耗和生态环境破坏的社会成本。我国环境税制体系一直处于探索和改革完善阶段，发展历程可以分为建立和全面实施阶段（1978～2002年）、总量排污收费和调整阶段（2003～2015年）、排污费改税阶段（2016～2018年）以及环境保护税实施阶段（2018年至今）。2003年，我国在全国范围内建立了统一的总量排污收费体系。2007年，各地先后开展了排污费征收标准调整试点工作，逐步提高二氧化硫、化学需氧量、废水、废气等污染物排放征收标准，从而强化环境税费对企业排污行为的约束机制。党的十八大以来，党中央和国务院更是把生态文明建设放到了前所未有的高度，并将环境保护税作为践行绿色发展理念的重要抓手，在全国范围内迅速推进。2016年12月，我国正式通过了《中华人民共和国环境保护税法》。2018年1月1日，环境保护税作为首个以环境保护为目标的独立型税种正式实施，在内化污染成本、推进税制绿色化以及倒逼经济发展生态转型等方面被寄予厚望。

2007～2012年期间，全国先后有江苏、上海、山西、内蒙古等13个省市先后调高了二氧化硫、化学需氧量或污水废气等污染物排放征收标准，其中，2012年之前共有11个试点省份，如表4-1所示。环境税费征收标准调整政策在时间和空间上渐进的特征，为考察环境税的微观影响提供了很好的准自然实验。本章选取排污费征收标准调整政策作为准自然试验，将属于试点省份的企业视作受环境税费政策调整影响的"处理组"，其他省份的企业视作不被政策影响的"对照组"。虽然环境保护税与排污费本质上都是环境税，但前者在政策执行力上更强。依据始于 2007 年环境税费征收标准上调的外生事件和城市政策执行力差异特征，就可以采用准自然实验设计的思路评估环境保护税的微观经济影响。

表 4 - 1　　　　　　　环境税费标准调整政策的试点省份

序号	省份	实施时间	调整范围	序号	省份	实施时间	调整范围
1	江苏	2007 年 7 月 1 日	污水、废气	7	广西	2009 年 1 月 1 日	二氧化硫
2	山西	2008 年 4 月 1 日	二氧化硫	8	云南	2009 年 1 月 1 日	化学需氧量、二氧化硫
3	上海	2008 年 6 月 1 日	污水、二氧化硫	9	广东	2010 年 4 月 1 日	化学需氧量、二氧化硫
4	河北	2008 年 7 月 1 日	化学需氧量、二氧化硫	10	辽宁	2010 年 8 月 1 日	化学需氧量、二氧化硫
5	山东	2008 年 7 月 1 日	污水、废气	11	天津	2010 年 12 月 20 日	二氧化硫
6	内蒙古	2008 年 7 月 10 日	二氧化硫				

注：黑龙江、新疆两个省份已在 2012 年 8 月开展了试点工作，未纳入处理组样本。

二、研究假说提出

随着现代经济增长理论逐步聚焦于绿色发展，探索环境规制对于企业绿色技术创新的重要性成为环境经济领域的核心议题，环境税费作为市场激励性环境规制工具对绿色技术创新的影响不容忽视。一方面，绿色技术创新兼具知识溢出与环境改善的双重外部性，环境税费不仅是内部化企业污染成本的有效途径，还能够通过税费收入的专款专用反馈企业创新活动；另一方面，与其他市场型的环境规制相比，环境税费是一种基于价格而非排污总量的规制手段，更加能够激励不同生产率水平的企业边际减排。我国始于 2007 年的环境税费征收标准调整试点工作，针对二氧化硫、化学需氧量、废水、废气等环境污染物排放征收标准，调整后的环境税费接近于污染的治理成本，很大程度上内化了企业污染排放的社会成本。由于关注政策干预的减排效应是通过污染排放的淘汰机制还是绿色技术创新的倒逼机制，已有文献也表明环境税费征收标准上调与省域绿色全要素生产率呈正相关关系（温湖炜和周凤秀，2019），本章提出如下理论假说以待检验。

理论假说 H1：环境税费征收标准调整的市场型环境规制对企业绿色技术创新存在显著的正向影响。

环境税费调整对污染密集型行业的排污成本影响更强，处于污染行业的企业更加有动机投资于绿色技术创新。此外，小规模企业往往缺乏绿色技术创新解决环境问题的经历和经验，较高的绿色创新成本会扼杀企业真实的创新意愿（曹霞和张路蓬，2017）。因此，环境税费征收标准调整政策在不同企业规模、不同污染程度行业存在异质性干预效果。我国新推出的环境保护税是对排污收费制度系统性优化和改革，虽然在税率上暂时保持不变，但在政策执行力上明显增强，环境保护税将使企业污染排放从软约束转向硬约束。环境保护税体系重要原则之一是环境税收收入的专款专用原则，确保环境保护税资金用于公共环境设施建设和绿色创新补贴，将会弥补企业绿色创新知识溢出的正向外部性。环境税费征收标准调整政策在不同政策执行力城市以及不同税收政策地区干预效应的异质性则可以为环境保护税实施效果提供经验证据。据此，提出如下理论假说：

理论假说 H2：环境税费征收标准调整政策在不同企业规模、不同污染程度行业、不同政策执行力城市以及不同税收政策地区等方面存在异质性的干预效应。

第三节　实证研究设计

一、数据说明

本章所涉及的微观数据来源于国家统计局的中国工业企业数据库和生态环境部统计的企业绿色发展数据库。我国 2003 年在全国范围内建立了完善统一的收费制度，而企业环境行为的微观数据只能获得截止到 2012

年的数据，故本章的研究样本区间选取为 2004～2012 年。企业绿色发展数据库报告了工业企业废水污染物、废弃污染物、固体废弃污染物等产生量、减排量和排放量情况，以及煤炭和其他能源消耗等方面信息，是目前研究工业企业环境行为的权威数据库。综合考虑数据质量和污染物代表性，本章选取工业废水、化学需氧量、工业废气、二氧化硫四个环境指标和企业投入产出数据指标评价企业的绿色技术创新。

研究团队与北京福卡斯特信息技术有限公司完成中国工业企业数据库与企业绿色发展数据库的匹配工作，确保了微观企业环境数据和财务数据的匹配质量。在合并获得微观企业数据基础上，进行了以下样本筛选和变量处理：（1）删除了不符合一般公认的会计准则（GAPP）的样本；（2）删除总产值、总资产、就业人数等数据指标缺失的企业样本；（3）在 1% 水平下对连续变量进行了截尾处理。

二、计量模型设定

依据政策评估的反事实分析框架，本章将处于排污费税费政策调整省份的企业视为处理组企业，将处于没有实施税费政策调整省份的企业视作对照组企业，构造企业是否遭受税费政策调整政策干预（$du = \{0, 1\}$）和政策干预时间前后（$Treat = \{0, 1\}$）两个虚拟变量。通过比较处理组企业和对照组企业绿色技术创新的变化，如果处理组企业存在显著的政策干预效应，可以认为排污费征收标准调整能够促进企业绿色技术创新。由于影响企业绿色技术创新的因素众多，且税费标准调整政策实践不满足随机性假定，通过引入控制变量就可以将政策干预的随机性假定放松至条件随机性假定。具体设计如式（4-1）的倍差法模型，量化评估排污费征收标准调整对企业绿色技术创新的综合影响：

$$Y_{it} = \alpha_0 + \delta I(du_i \times Treat_{it}) + X_{it}\gamma + \tau_t + \eta_{industry} + \lambda_{province} + \varepsilon_{it} \qquad (4-1)$$

其中，Y_{it} 表示企业 i 在年份 t 的绿色技术创新指标；示性函数 $I(\cdot)$ 定义企业受到税费调整政策的干预状态，处理组企业处于政策干预状态取值为 1，否则取值为 0；τ_t、$\eta_{industry}$ 和 $\lambda_{province}$ 分别用以控制时间特征、企业所在行业特征以及企业所处地区特征的固定效应；X_{it} 表示影响企业绿色技术创新的控制变量集合；ε_{it} 为随机误差项。系数 δ 为"倍差法"估计量，衡量了排污费征收标准调整对企业绿色技术创新的影响。

三、变量选取与说明

（1）被解释变量。绿色技术创新缺乏统一性或者权威性的测度指标，比较有代表性的指标主要包括绿色专利、绿色全要素生产率，以及由污染排放强度相关变量构造的综合性指标。参考张娟等（2019）、孔群喜等（2019）的研究，选取绿色全要素生产率的对数（$\ln TFP$）作为企业绿色技术创新集约边际的测度指标。企业绿色全要素生产率采用基于面板数据模型的索洛残差度量，要素投入选取固定资产净值、就业人数、能源消耗、二氧化硫排放量以及化学需氧量排放量，产出指标选取工业总产值衡量。此外，参考绿色技术创新的综合测度，根据企业污染排放强度的相对情况，创新性构建清洁生产技术选择（$Tech$）作为绿色技术创新广延边际的测度，即就企业是否选择清洁生产技术做出决策，取值分别为 0、1。根据企业四种污染物排放强度（污染排放/工业总产值）在所处的四位数行业相对位置确定，如果四种污染物排放强度都小于所处四位数行业的中位数值，说明企业选择了清洁生产技术，该指标取值为 1，否则取值为 0。由于企业清洁生产技术选择指标为虚拟变量，需要将式（4-1）修正为基于 Probit 模型的倍差法进行回归分析。

（2）解释变量。参考相关文献（张娟等，2019），选择以下控制变量：①企业规模（$\ln Size$），用企业总资产规模的对数衡量。创新活动具有高风险、高投入和长回报周期的特点，企业规模与承受创新投资风险的能力密切相关，也决定了企业能够支配创新资源，是企业绿色技术创新的重要决定因素。②企业年龄（$\ln Age$），用观测年份减去企业成立年份的对数衡量。企业存活时间长既能积累更多的管理经验和创新资源，也可能由于组织惯性降低企业创新活力，对企业绿色技术创新造成复杂影响。③资本密集程度（$\ln KL$），用固定资产净值与就业人数比重衡量。资本技术密集程度会影响企业生产业技术的路径选择，对绿色创新决策存在重要影响。④资产负债率（$Levage$），用负债总额与资产总额的比例衡量。资产负债率反映了企业融资约束程度，可能对绿色技术创新存在负向影响。⑤所有权性质，国有企业（*SOE*）按是否是国有资本控股构造虚拟变量，外资企业（*FDI*）根据企业的注册类型构造虚拟变量。⑦出口状态（*Export*），如果企业存在出口，取值为1，否则取值为0。⑧行业垄断程度（*Lerner*），用四位数行业层面主营业务收入与主营业务成本比值的平均值衡量。⑨工业智能水平（*Inter*），依据孙早和侯玉林（2019）的指标体系，计算我国省域层面的工业智能化水平指数。智能转型是目前工业技术改造的重要方式，会对企业绿色技术创新造成重要影响。⑩环境规制（*Enr*），用四位数行业层面的化学需氧量污染强度平均值加1取倒数衡量。环境规制与企业绿色创新存在"遵规成本说"和"创新补偿说"两种效应，对绿色技术创新存在正负两方面影响。

本章展示了因变量和解释变量的描述性统计，如表4-2所示。选择采用清洁生产技术企业的比重为8.26%，大约为34684家工业企业，符合技术创新的规律特征和满足实证分析的样本量。可以看出，企业受到税费调整政策的干预状态（*du* × *Treat*）与企业清洁生产技术选择和企业绿色全要素生产率都存在显著的负相关关系，说明排污费征收标准调整可能存在显著的积极效应，促进绿色生产率提升。

表4-2　　　　　　　　　　　　　变量的描述统计

变量	观测数	均值	标准误	最小值	最大值	偏相关	半偏相关
Tech	419905	0.0826	0.2752	0.0000	1.0000		
ln*TFP*	414399	3.1932	0.8550	0.9587	5.2823		
du × *Treat*	419905	0.2685	0.4432	0.0000	1.0000	0.0589	0.0547
ln*Size*	419905	11.0584	1.6429	0.0000	19.3829	0.0701	0.0651
ln*Age*	415793	2.1427	0.8455	0.0000	6.0210	-0.1033	-0.0963
ln*KL*	407541	0.3219	0.3290	-8.6666	0.9965	-0.0350	-0.0324
Levage	419905	0.5704	0.2628	0.1011	1.0000	-0.0535	-0.0497
SOE	419905	0.1643	0.3705	0.0000	1.0000	-0.0922	-0.0858

变量	观测数	均值	标准误	最小值	最大值	偏相关	半偏相关
FDI	419905	0.2091	0.4067	0.0000	1.0000	− 0.0530	− 0.0492
Export	419905	0.2627	0.4401	0.0000	1.0000	− 0.0069	− 0.0064
Lerner	419905	1.3777	0.3999	1.0299	5.2742	− 0.1273	− 0.1190
Inter	419905	0.1072	0.3094	0.0000	1.0000	0.0045	0.0042
Enr	419905	0.7760	0.1740	0.3074	1.0000	0.2552	0.2447

注：偏相关和半偏相关系数是因变量绿色全要素生产率与解释变量的相关性，且相关系数在 5% 水平都显著不等于零。

第四节　实证结果与分析

一、描述性结果分析

为了利用倍差法模型考察税费调整政策冲击的潜在影响，本章绘制处理组企业和对照组企业绿色技术创新指标的时间趋势图，如图 4 - 1 所示。可以看出，选择清洁生产技术的企业越来越多，企业绿色全要素生产率也在逐年增加，说明我国工业经济一直处于绿色发展转型的进程中。在 2004 ～ 2007 年期间，两组企业的清洁生产技术选择和绿色全要素生产率并没有发生显著差异，2008 年后两组企业的绿色技术创新指标出现了明显的分化趋势，且两组企业的差异有逐年放大趋势。由于 2007 年部分省份开始实施排污费征收标准调整政策，处理组企业与对照组企业的时间分化趋势表明政策干预能够促进工业企业绿色技术创新。此外，处理组企业的绿色技术创新指标系统高于对照组企业，说明政策实施并不满足随机性假定。与此同时，两组企业在政策干预之前保持相同趋势，满足共同趋势假说，可以利用倍差法模型考察政策干预的实施效果。

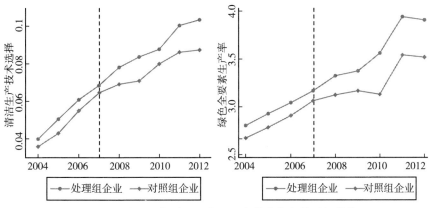

图 4 - 1　处理组与对照组企业绿色技术创新的时间趋势

二、基准估计结果分析

由于处于同一四位数细分行业的企业往往面临着相似的生产技术选择，企业在细分行业层面上可能存在相关的技术或者其他随机性因素冲击，本章选取了四位数行业层面上的聚类稳健性标准误以克服随机扰动项之间的相关性。基准估计结果如表 4 - 3 所示，第（1）列至第（3）列是基于 Probit 模型的倍差法模型估计结果，因变量为企业是否选择清洁生产技术，第（4）列至第（6）列选取绿色全要素生产率作为企业绿色技术创新的替代指标。

表 4 - 3　　　　　　　　　倍差法模型的估计结果

变量	广延边际模型			集约边际模型		
	（1）	（2）	（3）	（4）	（5）	（6）
$du \times Treat$	0.1066 *** （0.0254）	0.0619 ** （0.0284）	0.0900 *** （0.0243）	0.0188 *** （0.0013）	0.0128 *** （0.0010）	0.0126 *** （0.0010）
lnSize	0.0329 *** （0.0117）	0.0347 *** （0.0131）	0.0544 *** （0.0148）	0.0024 *** （0.0006）	0.0021 *** （0.0004）	0.0021 *** （0.0004）
lnAge	0.0154 （0.0151）	0.0191 （0.0127）	0.0008 （0.0103）	0.0028 *** （0.0004）	0.0008 *** （0.0003）	0.0006 *** （0.0002）

续表

变量	广延边际模型			集约边际模型		
	（1）	（2）	（3）	（4）	（5）	（6）
lnKL	−0.0135	−0.0483	−0.0492	−0.0209 ***	−0.0183 ***	−0.0165 ***
	（0.0360）	（0.0376）	（0.0300）	（0.0018）	（0.0012）	（0.0010）
Levage	−0.1423 ***	−0.1641 ***	−0.1535 ***	−0.0093 ***	−0.0050 ***	−0.0037 ***
	（0.0416）	（0.0375）	（0.0309）	（0.0015）	（0.0007）	（0.0006）
SOE	−0.1243 ***	−0.0905 ***	−0.0842 ***	−0.0060 ***	−0.0024 ***	−0.0026 ***
	（0.0258）	（0.0292）	（0.0323）	（0.0013）	（0.0009）	（0.0006）
FDI	0.0407	0.0423	0.0376 *	0.0013	0.0038 ***	0.0039 ***
	（0.0354）	（0.0289）	（0.0215）	（0.0012）	（0.0008）	（0.0006）
Export	0.0364	0.0076	0.0307	0.0022	0.0042 ***	0.0031 ***
	（0.0559）	（0.0487）	（0.0425）	（0.0019）	（0.0009）	（0.0008）
Lerner	0.0216	0.0432	−0.2001 **	0.0050	0.0015	0.0061 ***
	（0.1330）	（0.1390）	（0.0991）	（0.0046）	（0.0032）	（0.0017）
Inter	0.0673 **	0.0215	0.0029	0.0171 ***	0.0002	0.0001
	（0.0282）	（0.0256）	（0.0177）	（0.0009）	（0.0006）	（0.0005）
Enr		1.0481 ***	0.8823 ***		0.0105 ***	0.0118 ***
		（0.1950）	（0.1490）		（0.0029）	（0.0032）
常数项	−2.8843 ***	−2.9925 ***	−3.9268 ***	−0.0705 ***	−0.0834 ***	−0.0599 ***
	（0.2650）	（0.2950）	（0.3600）	（0.0136）	（0.0079）	（0.0059）
时间固定效应	No	Yes	Yes	No	Yes	Yes
地区固定效应	No	Yes	Yes	No	Yes	Yes
行业固定效应	No	No	Yes	No	No	Yes
伪/调整 R^2	0.0469	0.1475	0.2048	0.9965	0.9971	0.9978
样本容量	403636	346001	329721	402980	402980	402980

注：括号内为聚类在四位数行业的稳健标准误，***、**、*分别表示1%、5%和10%水平下显著。

基准估计结果表明，排污费征收标准调整这一市场型环境规制对企业清洁生产技术选择与绿色全要素生产率都存在显著的正向影响，支持"波特假说"。在绿色技术创新的广延边际模型中，我们依次引入时间固定效应、地区固定效应以及行业固定效应，可以发现 $du \times Treat$ 的系数在 5% 水平下都显著为正，一致说明排污费征收标准调整提高了企业选择清洁生产技术的可能性。此外，在就绿色技术创新的广延边际模型中，倍差法估计量在 1% 水平下都显著大于 0，说明排污费征收标准调整政策显著提高了企业绿色技术创新的集约边际。就排污收费标准调整政策的集约边际影响而言，政策实施后企业绿色全要素生产率大约提高了 1.26%，政策的创新效应相对较弱。由于调整后排污征收标准依然远低于各省份的边际减排成本，环境税的作用效果主要是生产效率的淘汰机制而非绿色技术创新的倒逼机制。如何进一步优化环境保护税费调整政策，上调环境保护税税率，从而杠杆撬动工业企业绿色技术创新？针对该问题的探讨依然有很重要的现实意义。

控制变量的回归系数大致符合理论预期，说明实证结果相对稳健可靠。企业规模反映了企业能够承受的创新风险和所能够支配的创新资源，对企业绿色技术创新存在显著的正向影响，回归系数在 1% 水平下都显著大于 0。企业年龄更多反映了对管理经验和创新资源的积累，对企业绿色技术创新存在正向影响。广延边际模型中资本密集程度的回归系数都为负值，且集约边际模型中资本密集程度的系数都显著小于零，说明固定资产密集企业存在污染技术的路径依赖，对绿色技术创新具有负向效应。资产负债率的系数在 1% 水平下都显著小于 0，说明融资约束抑制了企业绿色技术创新。所有权性质和出口状态能够影响企业的绿色技术创新，国有股权性质抑制企业绿色技术创新，而外资股权性质和出口贸易能够促进企业绿色技术创新。行业垄断程度对绿色企业创新存在复杂影响，而环境规制和工业智能转型能够显著提升企业的绿色技术创新。

三、企 业 异 质 性 分 析

环境保护税实施后倒逼工业企业生态化转型，但是许多学者担忧中小微企业生态化转型过程中面临着市场规模、创新资源、融资成本以及其他资源方面的约束，遵循环境规制成本可能导致中小微企业无法开展绿色创新活动。为了考察环境保护税费改革对不同规模企业的异质性影响，本章根据企业总资产规模的四分位数将样本划分为小规模企业、中等规模企业以及大规模企业，按企业规模的分样本估计结果如表4-4所示。

表4-4　　　　　　　　　　按企业规模分样本估计结果

变量	广延边际模型			集约边际模型		
	小规模	中等规模	大规模	小规模	中等规模	大规模
$du \times Treat$	0.0106 (0.0378)	0.0931 *** (0.0283)	0.0849 ** (0.0359)	-0.0108 (0.0204)	0.0122 *** (0.0005)	0.0114 ** (0.0006)
lnSize	0.0333 (0.0224)	0.0614 *** (0.0210)	0.0540 ** (0.0257)	0.2081 *** (0.0087)	0.0014 *** (0.0005)	0.0021 *** (0.0005)
lnAge	-0.0318 * (0.0175)	-0.0292 * (0.0162)	-0.0082 (0.0142)	-0.0716 *** (0.0067)	0.0005 ** (0.0002)	-0.0001 (0.0003)
lnKL	-0.0210 (0.0237)	-0.1093 ** (0.0454)	-0.0206 (0.0734)	-0.0439 *** (0.0118)	-0.0204 *** (0.0011)	-0.0483 *** (0.0023)
Levage	-0.1431 *** (0.0327)	-0.2382 *** (0.0363)	-0.1154 ** (0.0567)	-0.1284 *** (0.0131)	-0.0034 *** (0.0007)	-0.0037 *** (0.0010)
SOE	-0.0185 (0.0385)	-0.0931 *** (0.0351)	-0.1683 *** (0.0432)	-0.1725 *** (0.0169)	0.0003 (0.0006)	-0.0039 *** (0.0007)
FDI	0.0213 (0.0355)	0.0099 (0.0243)	-0.0307 (0.0330)	-0.1439 *** (0.0195)	0.0036 *** (0.0007)	0.0039 *** (0.0008)
Export	0.0541 (0.0548)	-0.0138 (0.0492)	-0.0995 ** (0.0403)	0.0354 * (0.0197)	0.0029 *** (0.0009)	0.0007 (0.0008)
Lerner	0.0788 (0.1400)	-0.2160 ** (0.0964)	-0.335 *** (0.1060)	-0.0715 (0.0489)	0.0063 *** (0.0018)	0.0048 *** (0.0016)
Inter	0.0076 (0.0387)	-0.0270 (0.0215)	0.0200 (0.0289)	-0.0029 (0.0154)	0.0009 (0.0006)	-0.0008 (0.0005)
Enr	1.2553 *** (0.2180)	1.5381 *** (0.1710)	1.5660 *** (0.2170)	2.2337 *** (0.1170)	0.0111 *** (0.0040)	0.0042 (0.0031)

变量	广延边际模型			集约边际模型		
	小规模	中等规模	大规模	小规模	中等规模	大规模
常数项	−3.0822 *** (0.4130)	−3.1237 *** (0.3510)	−3.3419 *** (0.5290)	3.1205 *** (0.1790)	−0.0692 *** (0.0068)	−0.0271 *** (0.0068)
时间固定效应	Yes	Yes	Yes	Yes	Yes	Yes
行业/地区效应	Yes	Yes	Yes	Yes	Yes	Yes
伪/调整 R^2	0.1607	0.1667	0.2095	0.7044	0.9981	0.9965
样本容量	87689	165890	76136	96511	203491	102978

注：括号内为聚类在四位数行业的稳健标准误，***、**、* 分别表示 1%、5% 和 10% 水平下显著。

　　环境税费征收标准调整政策对企业绿色技术创新的影响存在企业规模异质性，排污税费负担能够显著影响大中型企业的绿色技术创新，但对小规模企业的影响并不显著。对于大中规模企业而言，$du \times Treat$ 的系数在 5% 水平下都显著大于 0，即排污税费负担能够显著影响大中型企业的绿色技术创新。但是，小规模企业分样本回归结果中，$du \times Treat$ 的系数都不显著，排污税费负担没有影响小规模企业绿色技术创新决策，这意味着对小规模企业绿色转型压力的担忧是合理的。小规模企业往往缺乏绿色创新解决环境问题的经验，较高的绿色创新成本会扼杀企业真实的绿色创新意愿。环境保护税过度依赖庇古税的惩戒机制倒逼企业绿色化转型，导致小规模企业的绿色创新具有较高的额外成本。简单意义上的环境税征收很难激励小规模企业选择清洁生产技术和开展绿色创新活动，环境保护税实施过程中应该引导中小企业投资污染物处理设施，鼓励和支持小规模企业选择清洁生产技术。

　　环境税费征收标准调整政策对企业绿色技术创新的影响存在企业规模异质性，排污税费负担能够显著影响大中型企业的绿色技术创新，但对小规模企业的影响并不显著。对于大中规模企业而言，$du \times Treat$ 的系数在 5% 水平下都显著大于 0，即排污税费负担能够显著影响大中型企业的绿色技术创新。但是，小规模企业分样本回归结果中，$du \times Treat$ 的系数都不显著，排污税费负担没有影响小规模企业绿色技术创新决策，这意味着对小规模企业绿色转型压力的担忧是合理的。小规模企业往往缺乏绿色创新解决环境问题的经验，较高的绿色创新成本会扼杀企业真实的绿色创新意愿。环境保护税过度依赖庇古税的惩戒机制倒逼企业绿色化转型，导致小规模企业的绿色创新具有较高的额外成本。简单意义上的环境税征收很难激励小规模企业选择清洁生产技术和开展绿色创新活动，环境保护税实施过程中应该引导中小企业投资污染物处理设施，鼓励和支持小规模企业选择清洁生产技术。

四、行业异质性分析

如果环境税费调整政策与企业绿色技术创新存在真实的因果效应，那么政策干预会对污染密集型行业的企业造成更加显著的影响。由于环境税费调整给污染密集型行业所带来的排污成本更高，处于污染行业的企业不得不选择清洁生产方式，以缓解环境污染成本压力。本章参考盛丹和张国峰（2019），根据 2006 年行业煤炭消费强度的均值水平，将行业划分为高污染行业与低污染行业，并进行行业分样本回归估计。由于处理组地区及其企业的绿色创新水平高于对照组，研发创新活动的规模报酬递增特征可能会拉大处理组和对照组企业之间的创新水平差距。为此，本章根据行业研发强度指标，将行业划分为非研发密集行业和研发密集行业进行分样本估计，识别是政策干预效应还是技术路径依赖导致两组企业绿色创新水平差异的拉大。根据行业污染强度和行业研发强度的分样本估计结果如表 4-5 所示。

表 4-5　　　　　　　　按行业分样本估计结果

变量	低污染行业		高污染行业		非研发密集行业		研发密集行业	
	清洁技术	绿色 TFP	清洁技术	绿色 TFP	清洁技术	绿色 TFP	清洁技术	绿色 TFP
$du \times Treat$	0.016 (0.045)	0.001 (0.001)	0.113 *** (0.031)	0.017 *** (0.001)	0.061 * (0.032)	0.013 *** (0.001)	0.131 *** (0.032)	0.012 *** (0.001)
$\ln Size$	0.036 * (0.021)	0.003 *** (0.000)	0.051 *** (0.016)	0.000 (0.000)	0.051 *** (0.018)	0.002 *** (0.000)	0.029 * (0.016)	0.002 *** (0.001)

续表

变量	低污染行业		高污染行业		非研发密集行业		研发密集行业	
	清洁技术	绿色 TFP	清洁技术	绿色 TFP	清洁技术	绿色 TFP	清洁技术	绿色 TFP
$\ln Age$	-0.003 (0.016)	0.000 (0.000)	-0.028 *** (0.010)	0.001 * (0.000)	-0.027 ** (0.012)	0.000 (0.000)	-0.011 (0.014)	0.000 (0.000)
$\ln KL$	-0.033 (0.034)	-0.014 *** (0.001)	-0.097 *** (0.030)	-0.013 *** (0.001)	-0.071 ** (0.031)	-0.015 *** (0.001)	-0.042 (0.038)	-0.012 *** (0.002)
$Levage$	-0.073 (0.054)	-0.004 *** (0.001)	-0.150 *** (0.030)	-0.002 ** (0.001)	-0.128 *** (0.034)	-0.003 *** (0.001)	-0.179 *** (0.035)	-0.004 *** (0.001)
SOE	0.039 (0.057)	-0.002 *** (0.001)	-0.100 *** (0.029)	-0.005 *** (0.001)	-0.068 (0.043)	-0.002 ** (0.001)	-0.051 (0.032)	-0.005 *** (0.001)
FDI	0.020 (0.039)	0.002 ** (0.001)	0.061 *** (0.022)	0.004 *** (0.001)	0.036 * (0.021)	0.003 *** (0.001)	0.032 (0.043)	0.003 *** (0.001)
$Export$	-0.107 * (0.061)	0.003 *** (0.001)	0.026 (0.042)	0.002 *** (0.001)	0.073 (0.050)	0.006 *** (0.001)	-0.165 *** (0.030)	0.002 (0.001)
$Lerner$	-0.122 (0.468)	0.003 ** (0.001)	-0.160 * (0.095)	0.019 *** (0.007)	-0.199 * (0.101)	0.003 ** (0.001)	-0.239 * (0.137)	0.020 *** (0.005)
$Inter$	0.012 (0.038)	-0.002 *** (0.001)	0.015 (0.022)	-0.004 *** (0.001)	0.044 * (0.025)	-0.003 *** (0.001)	-0.030 (0.023)	-0.003 *** (0.001)
Enr	0.170 (0.172)	0.098 *** (0.005)	0.887 *** (0.155)	0.102 *** (0.004)	0.904 *** (0.175)	0.095 *** (0.005)	0.120 (0.126)	0.099 *** (0.005)
常数项	-2.673 *** (0.706)	-0.129 *** (0.007)	-2.609 *** (0.380)	-0.167 *** (0.012)	-2.336 *** (0.405)	-0.135 *** (0.007)	-2.258 *** (0.463)	-0.188 *** (0.010)
时间效应	Yes	Yes	Yes	Yes	Yes	Yes	Yes	Yes
行业/地区	Yes	Yes	Yes	Yes	Yes	Yes	Yes	Yes
伪/调整 R^2	0.1376	0.9985	0.1243	0.9988	0.1509	0.9986	0.1076	0.9986
样本容量	284435	286613	97222	116367	279154	287066	104994	115914

注：括号内为聚类在四位数行业的稳健标准误，***、**、* 分别表示1%、5%和10%水平下显著。

可以看出，环境税费调整政策与绿色技术创新存在因果效应，而技术创新路径依赖的替代性则不成立。就污染行业而言，倍差法估计量虽然为正值但并不显著，而污染密集行业倍差法估计量在1%水平下都显著为正，污染密集行业与低污染行业的回归系数差异说明政策干预效应成立。此外，研发密集行业和低研发行业的倍差法估计量并不存在显著差异特征，说明技术创新路径依赖假说不成立。以上分析证据表明，环境税费征收标准上调确实能够促进企业绿色技术创新，但是从作用大小来看，环境税费征收标准还有很强的上调空间，才能真正给企业施加约束和全面发动企业绿色创新活力。

五、地区异质性分析

由于我国排污费制度向环境保护税制度改革主要是为了强化环境税费征收的执行力，通过考察环境税费标准调整政策在不同执行力城市的异质性影响，就可以推断环境保护税实施的潜在效应。由于地方政府往往偏袒国有企业并给予更多优惠政策，国有企业在排污费缴纳上有很强的谈判势力，更加能够规避环境税费标准上调政策的成本上升。本章选取城市内国有经济的比重衡量城市环境税费政策的执行力，将国有企业总产出占比高于均值水平的城市划分为低执行力城市，反之归为高执行力城市。此外，环境保护税税制体系改革方向是推动税制绿色化转型，本章用环境税收收入/（所有收入－绿色财政补贴）衡量地区税制绿色化程度，将于均值水平的地区划分为绿色税收政策地区，反之为传统税收地区。按政策执行力和税收转型政策的分地区样本估计结果如表4-6所示。

表4-6　　　　　　　　按地区分样本估计结果

变量	低执行力城市		高执行力城市		传统税收政策地区		绿色税收政策地区	
	清洁技术	绿色 TFP	清洁技术	绿色 TFP	清洁技术	绿色 TFP	清洁技术	绿色 TFP
$du \times Treat$	0.084 ***	0.002 **	0.099 ***	0.015 ***	0.093 **	0.011 ***	0.097 ***	0.015 ***
	(0.032)	(0.001)	(0.028)	(0.001)	(0.039)	(0.001)	(0.027)	(0.001)
$lnSize$	0.053 ***	0.002 ***	0.024	0.003 ***	0.061 ***	0.003 ***	0.021	0.001 ***
	(0.013)	(0.000)	(0.017)	(0.000)	(0.013)	(0.000)	(0.015)	(0.000)

续表

变量	低执行力城市		高执行力城市		传统税收政策地区		绿色税收政策地区	
	清洁技术	绿色 TFP	清洁技术	绿色 TFP	清洁技术	绿色 TFP	清洁技术	绿色 TFP
lnAge	− 0.019 *	0.001	− 0.034 **	0.000	− 0.031 **	0.001 **	− 0.010	− 0.000
	(0.010)	(0.001)	(0.017)	(0.000)	(0.013)	(0.000)	(0.011)	(0.000)
lnKL	− 0.068 ***	− 0.014 ***	− 0.054	− 0.015 ***	− 0.083 ***	− 0.013 ***	− 0.030	− 0.015 ***
	(0.026)	(0.001)	(0.043)	(0.001)	(0.029)	(0.001)	(0.029)	(0.001)
$Levage$	− 0.124 ***	− 0.004 ***	− 0.161 ***	− 0.003 ***	− 0.074 **	− 0.004 ***	− 0.212 ***	− 0.003 ***
	(0.029)	(0.001)	(0.044)	(0.001)	(0.033)	(0.001)	(0.038)	(0.001)
SOE	− 0.037	− 0.002 ***	− 0.083 ***	− 0.004 ***	− 0.097 ***	− 0.002 ***	− 0.015	− 0.004 ***
	(0.029)	(0.001)	(0.030)	(0.001)	(0.036)	(0.001)	(0.029)	(0.001)
FDI	0.048 **	0.003 ***	− 0.013	0.004 ***	0.054 **	0.001 *	− 0.001	0.004 ***
	(0.021)	(0.001)	(0.036)	(0.001)	(0.023)	(0.001)	(0.026)	(0.001)
$Export$	0.003	0.005 ***	− 0.058	0.001	0.009	0.001	− 0.059	0.005 ***
	(0.042)	(0.001)	(0.038)	(0.001)	(0.044)	(0.001)	(0.037)	(0.001)
$Lerner$	− 0.164 *	0.006 **	− 0.249 ***	0.003 **	− 0.186 **	0.003 **	− 0.181 *	0.007 **
	(0.090)	(0.003)	(0.091)	(0.001)	(0.091)	(0.002)	(0.095)	(0.003)
$Inter$	0.026	− 0.003 ***	0.015	− 0.005 ***	0.014	− 0.003 ***	0.034	− 0.003 ***
	(0.021)	(0.001)	(0.032)	(0.001)	(0.022)	(0.001)	(0.032)	(0.001)
Enr	0.843 ***	0.102 ***	0.447 ***	0.090 ***	0.930 ***	0.098 ***	0.566 ***	0.106 ***
	(0.149)	(0.004)	(0.128)	(0.003)	(0.155)	(0.003)	(0.005)	(0.141)
常数项	− 3.190 ***	− 0.147 ***	− 1.466 ***	− 0.122 ***	− 3.254 ***	− 0.094 ***	− 0.167 ***	− 1.572 ***
	(0.571)	(0.008)	(0.353)	(0.007)	(0.274)	(0.007)	(0.011)	(0.357)
时间效应	Yes	Yes	Yes	Yes	Yes	Yes	Yes	Yes
行业/地区	Yes	Yes	Yes	Yes	Yes	Yes	Yes	Yes
伪/调整 R²	0.1335	0.9985	0.1546	0.9987	0.1313	0.9984	0.1465	0.9987
样本容量	284726	298587	99422	104393	223036	236052	161077	166928

注：括号内为聚类在四位数行业的稳健标准误，*** 、** 、* 分别表示1%、5%和10%水平下显著。

可以看出，环境税费标准调整政策对企业绿色技术创新的作用效果在政策执行力较强城市和绿色税收政策地区更突出。不同政策执行力城市的环境税费征收标准调整政策都存在显著的正向影响，说明政策实施效果是相对稳健。从两组城市政策实施效果大小看，低执行力城市的作用效果相对较低，尤其是对绿色全要素生产率的作用效果仅为高政策执行力城市的11%。此外，绿色税收政策也能够强化环境税费征收标准调整政策干预的实施效果。从表4-6中估计结果看，绿色税收政策地区的倍差法估计量都高于传统税收政策，说明税制绿色转型可以强化环境保护税的实施效果。具体机制方面，税制绿色化实际上是给予减轻企业其他方面的税收扭曲和增加企业环保投资的财政支持，政策工具配套设计可以强化环境保护税对绿色创新行为的激励机制。此外，两组地区的回归系数大小差异并不大，绿色税制的作用效果并不大，这很可能源于我国税制体系整体上还是传统税收政策。

2018年，我国实施了《环境保护税法》，虽然具体的税率是根据"将排污费制度向环境保护税制度平稳转移"原则确定而没有提升，但是环境税费征收政策的执行程度将大大提升，不再允许地方政府对具有谈判势力的企业通过排污费折扣和打包缴纳等方式优惠对待。此外，环境保护税税制体系改革方向是确保环境保护税资金用于环境污染治理领域和企业绿色创新活动。因此，我国环境保护税高执行力、税率征收标准提升、配套的绿色补贴政策以及其他税收领域减负等环境保护税税制体系改革，必然会倒逼工业企业积极开展绿色技术创新活动，从而实现清洁生产和绿色化转型。

六、稳健性估计结果

为了保证估计结果的稳健性，本章进行了如下回归分析：（1）将始于2007年的环境税费征收标准调整的试点政策视作准自然实验，面临着各省市选择实施政策及其时点的自选择问题。在控制省域层面的固定效应基础上，依据生产率水平、企业规模、资本深化程度以及企业所属行业，为处理组企业和对照组企业进行一对一协变量匹配。（2）清洁生产技术选择指标定义存在较大的主观性，依次选取每种污染物的75%分位数和90%分位数值作为临界值，重新定义两个企业清洁生产技术选择指标。（3）环境税费征收标准调整的绿色技术创新效应建立在政策对企业施加了污染排放约束，政策干预对企业污染排放应该具有更为突出的效果。稳健性分析的估计结果如表4-7所示。

表4-7　　　　　　　　　稳健性估计结果

变量	匹配样本		清洁生产技术指标		减排效应	
	清洁技术	绿色 TFP	清洁技术	清洁技术	二氧化硫	化学需氧量
$du \times Treat$	0.058 ** (0.030)	0.013 *** (0.003)	0.130 *** (0.015)	0.168 *** (0.016)	-0.074 * (0.043)	-0.061 *** (0.023)
lnSize	0.039 *** (0.013)	0.036 *** (0.011)	0.074 *** (0.012)	0.060 *** (0.014)	0.114 *** (0.034)	0.023 * (0.013)
lnAge	-0.025 ** (0.011)	-0.079 *** (0.006)	-0.122 *** (0.009)	-0.110 *** (0.008)	0.103 * (0.058)	-0.011 (0.008)
lnKL	-0.080 ** (0.036)	-0.112 *** (0.014)	-0.199 *** (0.025)	-0.138 *** (0.022)	0.029 (0.045)	0.041 (0.030)
Levage	-0.183 *** (0.035)	-0.118 *** (0.022)	-0.254 *** (0.028)	-0.310 *** (0.028)	0.232 * (0.124)	0.058 *** (0.022)
SOE	-0.094 *** (0.029)	-0.140 *** (0.024)	-0.286 *** (0.028)	-0.265 *** (0.026)	0.115 *** (0.044)	0.063 *** (0.011)
FDI	0.045 (0.030)	-0.028 * (0.015)	-0.097 *** (0.023)	-0.098 *** (0.023)	-0.060 * (0.033)	-0.097 *** (0.029)
Export	-0.056 (0.040)	0.036 ** (0.016)	0.085 *** (0.032)	-0.006 (0.031)	-0.206 *** (0.056)	-0.081 ** (0.036)
Inter	0.016 (0.025)	0.031 *** (0.010)	0.020 (0.015)	-0.002 (0.017)	-0.397 *** (0.105)	-0.162 *** (0.040)
Enr	1.135 *** (0.103)	1.659 *** (0.069)	1.760 *** (0.077)	1.714 *** (0.085)	-4.000 *** (0.828)	-1.912 *** (0.414)

续表

变量	匹配样本		清洁生产技术指标		减排效应	
	清洁技术	绿色 TFP	清洁技术	清洁技术	二氧化硫	化学需氧量
常数项	-1.955 *** (0.411)	1.835 *** (0.104)	-2.470 *** (0.151)	-2.658 *** (0.154)	6.310 *** (1.102)	2.114 *** (0.371)
时间效应	Yes	Yes	Yes	Yes	Yes	Yes
行业/地区	Yes	Yes	Yes	Yes	Yes	Yes
伪/调整 R^2	0.1078	0.9934	0.0925	0.1195	0.2183	0.1635
样本容量	219890	203451	403634	403634	403227	403230

注：括号内为聚类在四位数行业的稳健标准误，***、**、*分别表示1%、5%和10%水平下显著。

环境税费标准调整政策能够显著减低二氧化硫和化学需氧量污染物排放，说明政策干预的确给企业带来了污染成本的干预效果，与卢洪友等（2018）、郭俊杰等（2019）的结论一致，说明企业存在绿色技术创新的动机。通过协变量匹配方法得到的样本，一定程度降低了处理组企业和对照组企业差异的潜在威胁，$du \times Treat$ 的系数在5%水平下都显著，说明政策内生性并没有对结果造成干扰。此外，更换清洁生产技术指标后，估计结果依然稳健。以上稳健性分析结果表明，环境税费征收标准调整能够倒逼企业绿色技术创新。

第五节 结论与启示

本章基于环境税费征收标准政策在时间、空间上的渐进改革实践，利用2004～2012年的企业层面污染排放和财务数据，采用倍差法评估环境税政策外生干预对企业绿色技术创新的影响。此外，从企业异质性、行业异质性以及地区异质性出发，探讨我国环境保护税及其改革将对企业绿色技术创新的潜在影响。描述分析发现，2007年环境税费标准调整政策开始实施后，处理组企业与对照组企业的清洁生产技术选择和绿色全要素生产率等指标出现了明显的分化趋势。采用倍差法模型实证研究发现，环境税费这一市场型环境规制对企业绿色技术创新的广延边际和集约边际都存在显著的正向影响，支持"波特假说"：从效应大小看，环境税费征收标准上调的绿色创新效应相对较弱；从作用机制来看，环境税费上调的干预政策同时通过生产效率的淘汰机制和研发创新的倒逼机制实现企业的减排目标。环境税费调整政策的作用效果存在企业规模的异质性，税费负担倒逼大中型企业绿色技术创新，但对小规模企业的影响不显著，说明遵循规制成本的作用机制制约了小规模企业绿色创新。此外，环境税费标准调整政策对绿色技术创新的作用在高污染行业、政策执行力较强城市和实施绿色税收政策地区更显著，说明环境保护税改革将会撬动企业绿色技术创新。通过一系列稳健性分析，以上结论依然成立。

本章的研究结论对于环境保护税体系改革实践有着重要的政策启示：针对人民日益增长的美好生态环境诉求，必须深入贯彻党的十九大精神和绿色发展理念，更多运用税收杠杆撬动企业环境治理和生态保护，构建市场导向的绿色技术创新体系，全面发动工业企业绿色创新发展的新引擎。具体而言：第一，新推出的环境保护税税率依然远低于边际减排成本，环境保护税还存在上调空间，应该从税率水平、覆盖范围以及计税标准等方面优化环境保护税征收，将环境税的规制作用进一步由低效率企业的淘汰机制转向绿色技术创新的倒逼机制。第二，加强对环境保护税实施效果的监测，密切关注环境保护税改革进程中对不同类型企业造成的影响，相关部门要关注环境保护税及其改革所带来的遵规成本，减轻中小微企业在污染处理设施和绿色创新活动等领域的投资成本。第三，落实环境保护税专款专用原则，确保环境保护税资金用于公共环境设施建设和绿色创新补贴，推动税制绿色化转型。

第五章///

绿色产业政策与工业经济高质量发展

第一节　问题的提出

我国长期以来粗放式高速增长的传统思维，导致我国城市经济发展过程中出现了诸如效率偏低、资源浪费、环境污染严重等一系列问题。环境污染的综合防治对于改善居民的健康水平和幸福感至关重要且极其紧迫，党和政府已经将环境治理工作提升到了前所未有的高度。党的十九大明确指出，必须坚定不移贯彻"创新、协调、绿色、开放、共享"的五大发展理念，建立健全绿色低碳循环发展的现代经济体系，并且将污染防治作为决胜全面建设小康社会的三大攻坚战之一，要求着力解决环境突出问题，推进绿色产业发展。城市是现代经济增长的中心，推动城市经济绿色转型成为我国可持续高质量发展的根本要求和必然选择。产业集聚一直是城市经济增长的重要动力，以工业园为主要代表的产业集聚不仅能够降低基础设施成本、优化资源配置效率，而且能够促进区域经济的技术进步与全要素生产率提高，吸纳了大量的就业和推动了城市经济的繁荣发展（Wang，2013；王永进和张国峰，2016；林毅夫等，2018）。然而，产业集聚不仅带来了城市工业经济的快速发展，也加剧了城市的环境污染，城市发展面临着集聚增长与生态环境保护的两难矛盾（王兵和聂欣，2016）。城市环境问题的日益严重将导致积重难返，城市高质量发展必须坚持绿色发展理念，而实质上就是要处理好集聚经济与生态环境保护的关系。

我国城市化、工业化进程中普遍存在集聚发展与生态环境保护的两难悖论，探索资源环境利用集约化、工业经济发展生态化的路径是城市转型发展的必由之路。生态工业示范园是城市探索绿色高质量发展的政策试验田，通过绿色产业集聚的方式推进资源环境利用集约化与培育现代生态产业体系，承载了城市转型发展的使命，已经成为现代产业发展和城市工业绿色发展不可或缺的载体。2001 年 8 月，我国第一个国家级生态工业示范园（贵港）批准试点建设，随后各个城市先后试点建设了 100 多个国家生态工业示范园。那么，以生态工业园为主要代表的绿色产业集聚能否突破传统产业集聚方式的环境污染困境？生态工业示范园作为绿色产业集聚的新型资源配置形式与绿色发展方式，科学评估该政策实施对城市工业部门发展的影响，对国家生态工业园区的建设发展，乃至对中国经济高质量发展都具有重要的指导作用和现实意义。本章采用 2003～2016 年中国 281个地级及以上城市数据，运用多期双重差分法模型与准自然实验的方法考察绿色产业集聚与城市绿色经济效率的关系，其主要贡献在于：一是将产业集聚的内涵拓展为绿色产业集聚，为解决经济集聚发展与生态环境保护的悖论提供新的理论视角；二是将国家生态工业示范园政策作为绿色产业集聚的准自然实验，避免核心解释变量的度量难题及其内生性问题；三是运用科学的政策评估方法，揭示生态工业示范园政策的成效及优化路径。

第二节 文献综述与理论分析

一、文献综述

1979 年经国务院批准，由交通部的香港招商局在蛇口兴建了我国第一个工业园区——蛇口工业区。1984 年，党中央和国务院决定开放 14 个沿海港口城市[①]，我国各类经济技术开发区、高新技术产业开发区等不断涌

---

① 14 个沿海港口城市分别是大连、秦皇岛、天津、烟台、青岛、连云港、南通、上海、宁波、温州、福州、广州、湛江、北海。

现，工业园区成为我国产出效益最好、资源配置最活的重要产业载体（赵延东和张文霞，2008；鲍克和夏友富，2008；陆长平和刘伟明，2016；袁航和朱承亮，2018；胡安军等，2018）。但是随着我国城镇化、工业化的快速推进，以工业园区为代表的传统产业集聚成为城市经济发展的重要引擎的同时，也给所属城市带来了诸如河流污染、雾霾等一系列的环境污染现象（吴志军，2007；田金平等，2012；左晓利和李慧明，2012）。理论上，产业集聚有利于提升城市的经济效率：新地理经济理论认为，协同创新环境下企业间技术溢出是产业集聚的主要动力，技术的扩散能够促进区域内污染减排（Krugman，1998）；循环经济理论认为，集聚内部可以产生资源循环利用，从而提高经济的绿色效率（Enrenfeld，2003）；考虑规模经济与专业化分工，集聚区企业可以通过统一的污染物处理设施来降低单位治污成本（师博和沈坤荣，2013）。但是，城市在推进产业集聚过程中，项目的选择性引入、集群支持网络建设、创新环境和集群文化等方面缺乏经验，而企业进驻工业园的主要目的是获取"政策租"，难以形成一般意义上的产业集聚绿色效应。大量经验研究表明，传统工业园区的建立会引致城市环境污染问题加剧，城市发展存在集聚增长与生态环境保护的两难悖论。国外诸多学者以不同国家数据研究发现工业集聚区加重了周边区域的河流、空气等环境污染（Virkanen，1998；Verhoef and Nijkamp，2002；Duc，2007）。国内学者中王兵和聂欣（2016）通过匹配河流水质观测点与开发区的地理信息，以开发区设立为准自然实验，研究发现设立开发区后其周边河流水质出现明显恶化。

传统工业园的建立所造成的环境污染不断遭受到学术界和媒体的批判，世界各国也开始积极探索工业生态化和区域经济可持续发展的科学途径。丹麦小镇卡伦堡生态工业园案例的成功以及产业共生概念提出后，生态工业园逐渐成为西方发达国家工业园建设和改造的方向（Ashton，2008；Frosch et al.，1989）。生态工业园是依据清洁生产要求、循环经济理念和工业生态学原理设计的一种新型工业组织形态，是可持续高质量发展的一种比较理想的模式（Chertow，2000）。许多文献考察了生态工业园建设对园区内环境质量和经济效率的积极影响，支持绿色产业集聚对于提高城市的绿色经济效率有着重要作用，认为绿色产业集聚对于城市绿色转型与高质量发展至关重要（Ko，2014；Tian et al.，2012；闫二旺和田越，2016）。这类文献可大致分为定性研究和定量研究两大类：一是定性研究，这类文献多关注生态工业园的发展模式、评价研究和存在的问题。冯薇（2006）从循环经济的角度说明从高新技术开发区向生态工业园升级有助于形成产业集聚，促进区域经济发展。田金平等（2012）总结了我国生态工业园区的发展历程，并提出我国生态工业园的发展模式和存在的问题。元炯亮（2003）提出了生态工业园区的指标体系框架。二是定量研究，这类文献多聚焦在国家生态工业园绩效评价及其对经济发展的影响。刘等（Liu et al.，2014）从温室气体排放的角度评估了北京经济技术开发区的环境绩效。宋叙言和沈江（2015）运用主成分分析和集对分析的方法对山东省生态工业园区进行了生态绩效评价研究。刘勇（2015）以广西贵港国家生态工业示范园为研究对象，运用投入产出表检验了生产扩张对碳排放的影响。曾悦和商婕（2017）以绿色发展综合指标评价体系定量评估了中国生态工业园区的绿色发展水平。

通过对现有文献的梳理发现，国内关于国家生态工业示范园区的定量研究多聚焦于工业园区自身绩效的定量评估方面，而以国家生态工业示范园区为政策冲击，研究其对经济高质量发展影响的文献较为鲜见。当前中国正处于由高速增长阶段向高质量发展阶段转变的攻关期，推进绿色发展是解决经济发展与环境保护两难悖论、打造质量强国的关键举措。而在此过程中，国家生态工业园区作为绿色产业集聚的绿色发展方式对绿色经济效率有何影响？国家生态工业园区政策的实施是否推动了城市工业部门的高质量发展？推动作用有多大？对这些问题的研究还有待深入挖掘，这也为本章提供了广阔的研究空间。

二、理论假说

生态工业园通过产业生态化设计有助于缓解环境压力、提升经济增长质量以及推动经济可持续发展，是实现工业绿色转型的科学途径（Lambert and Boons，2002）。国家生态工业示范园建设旨在通过合理规划产业链，培育生态产业网络体系，实质上就是通过绿色产业集聚的方式推进资源环境利用集约化与培育现代生态产业体系，在区域层面实现环境保护与经济增长相协调的可持续高质量发展（Fan et al.，2017）。与经济技术开发区和高新技术开发区这类传统工业园区所不同的是，生态工业园区在此基础上增加资源再生、产品再造、废弃处理等循环功能；科技设计园区物流或能源传递方式，形成共享资源和互换副产品的产业共生组合；利用信息管理系统建立物质、水、能量、信息集成平台提高园区的代谢能力，达到物质、能量的梯级利用和资源共享的生态化效果（谢家平和孔令丞，2005）。生态工业园区对于城市绿色经济效率的影响主要通过两个渠道实现：

一方面，生态工业园区形成的绿色产业集聚具有"资源集约共享"的生态化特征。生态工业园区以公共设施共享为基础，通过项目引进、管理、排污的一体化管理，对园区企业有着较好的资源集约共享效果，有效降低了交易成本。另一方面，生态工业园区形成的绿色产业集聚具有"环境承载扩容"的生态化特征。基于生态工业园区产业集聚所形成的上下游产业对资源能源的不同需求，形成了园区的副产品和废弃物交换、能量和废水的梯级利用，提高了园区的环境承载容量。因此，生态工业园区具有资源集约共享和循环利用等绿色发展优势，使得园区内的资源配置向低投入、高产出、低污染、高效益的最优状态接近，从而提高了城市的绿色经济效率。基于此，可以得到：

假说1：国家生态工业示范园政策实施后，城市工业部门的绿色经济效率会显著提高。

环境规制是中国针对企业生产的环境管理正式制度中最为重要的政策，从长期来看，严格而恰当的环境规制能够促使企业在环境约束条件下不断改进生产工艺流程、刺激技术创新，从而实现企业环境绩效和生产率的共同提升（Hamamoto，2006；Telle and Larsson，2007；张成等，2011；温湖炜和周凤秀，2019）。因此环境规制能够激发生态工业园区企业的"创新补偿效应"，从而在一定程度上强化生态工业园的绿色经济效应。

工业集聚通过在生态工业园区内聚集不同知识背景和不同专业技能的劳动者，形成多元化的"劳动力蓄水池"和"知识蓄水池"，并通过规模经济效应和技术溢出效应，促进园区生产率水平提升。因此，工业集聚水平能够发挥生态工业园区的"集聚效应",从而在一定程度上强化生态工业园区的绿色经济效应。

市场竞争不仅能够激励园区内的企业不断增加研发投入,提高自身的技术创新水平,以获取超额的创新回报,还能通过园区内企业之间相互追赶,加速绿色技术学习和知识扩散,促进园区生产率水平提升。因此,市场竞争能够带动生态工业园区企业"创新活力",从而在一定程度上强化生态工业园区的绿色经济效应。基于此,本章得出:

假说2:环境规制、集聚经济以及市场竞争程度等因素有助于强化国家生态工业园区的绿色经济效应。

第三节　研究设计与数据介绍

一、研究方法

现有研究大多使用多元线性回归方法来研究产业集聚的绿色效应,其缺陷在于容易受到遗漏变量的内生性问题和短期趋势变动的影响。对此,国家生态工业示范园政策作为我国最典型的绿色产业集聚区和绿色发展的政策试验田,为厘清上述绿色产业集聚与城市绿色经济效率问题提供了良好的研究视角。截至2016年底,一共有56个地级及地级以上的城市获得了国家生态工业示范园建设的批复,其中,2008年之前有16个城市,2009~2015年涉及40个城市。由于政策实施是不断趋于成熟的过程,近几年国家生态工业示范园发展迅速,为本章的实证研究提供了丰富的政策实施样本。

本章选取国家生态工业示范园政策的准自然实验考察绿色产业集聚对城市工业绿色经济效率的影响。依据多期双重差分法将实施国家生态工业示范园政策的城市视为处理组,其他城市视作对照组,比较处理组和对照组在政策实施前后绿色经济效率指数变化的差异。如果实施国家生态工业示范园政策城市的绿色经济效率指数变化系统性高于未获得国家生态工业示范园批复的城市，可以认为绿色产业集聚有助于提升城市的绿色经济绩效。计量模型设定如下：

$$GEE_{it} = \alpha_i + \delta \cdot Gin_{it} + X_{it}\boldsymbol{\beta} + \lambda_t + \varepsilon_{it} \qquad (5-1)$$

其中，GEE_{it} 是被解释变量，表示城市工业绿色经济效率；Gin_{it} 表示组别虚拟变量和政策实施事件虚拟变量的交互项，即城市批复生态工业园后为 1，否则都为 0。δ 的估计量表示城市实施 NEIP 政策后绿色经济效率的变化，称为"倍差法"估计量，如果 δ 显著大于 0，说明国家生态工业示范园政策能够提高城市工业部门的绿色经济绩效。X_{it} 表示经济发展水平、城市规模、环境规制、外商直接投资以及生产服务业集聚等绿色经济效率的直接影响因素。

值得注意的是，由于国家生态工业园区设定是多期实施的事件，本章使用了个体效应和时间效应替代了传统双重差分法的组别虚拟变量和政策实施事件虚拟变量，用 Gin_{it} 替代了组别虚拟变量和政策实施事件虚拟变量的交互项（温湖炜，2017）。具体而言，我们增加了城市层面的固定效应 α_i，捕捉每个城市不随事件变化的特征，城市层面的固定效应包含了是否是处理组的虚拟变量；使用时间层面的固定效应 λ_t 捕捉城市绿色经济效应的时间趋势特征。

二、变量选取与数据说明

本章构建反映城市经济增长、资源节约、环境保护的绿色效率体系，并利用 2003～2016 年我国 281 个地级及以上城市数据测算城市发展质量水平。根据非期望产出 SBM-DEA 模型，利用 MaxDEA Pro 6.0 软件测算得到城市绿色经济效率这一被解释变量（Tone，2004）。其中，要素投入选取资本存量和劳动力，产出选取实际生产总值、工业废水排放量、工业二氧化硫排放量和工业烟尘排放量。投入产出变量的处理如下：（1）资本存量，根据徐现祥等（2007）的方法计算各省份第二产业的资本存量，再利用规模以上工业企业固定资产净值平均余额分拆得到各城市的资本投入指标；（2）劳动力投入，选取第二产业的年末单位从业人员数与城镇私营和个体从业人员数之和作为劳动力投入指标；（3）实际生产总值，选取第二产业的增加值衡量，采用城市所属省份的工业出厂价格指数平减得到以2003 年为基期的实际总产值；（4）非期望产出，依据数据的可获得性，选取工业废水排放量、工业二氧化硫排放量、工业烟尘排放量三个变量。本章采用第二产业的要素投入和期望产出替代工业部门的要素投入和期望产出，投入产出数据的统计口径为全口径数据，最大限度地避免了统计口径不一致。

工业绿色经济效率的影响因素众多，基于已有文献的研究和数据的可获得性，本章加入如下绿色经济效率的影响因素（X_{it}）：（1）经济发展水平；用人均实际 GDP 的对数（$\ln RGDP$）表示；（2）城市规模：借鉴多数文献的做法，用市辖区人口的对数（$\ln Size$）表示；（3）人力资本；城市层面教育程度数据往往难以获取，而工资的高低往往反映了人力资本的差异，选取城市职工工资水平的对数（$\ln Wage$）衡量人力资本；（4）环境规制程度（ER）；环境规制是污染排放最为直接的影响因素，选取工业烟尘去除率衡量城市的环境规制程度；（5）外商直接投资（FDI）：用实际外商投资额与城市实际产出的比值表示；（6）信息发展程度（IDI）；用互联网的覆盖程度（国际互联网户数 ×4/市辖区人口）反映信息技术发展程度；（7）科技投入：采用人均政府科学事业费支出的对数（$\ln Exp$）表示；（8）生产服务业集聚（$Sagg$）；依据各行业单位就业人数计算区位熵指数。被解释变量和控制变量的计算方法及描述统计，如表 5 - 1 所示。

表 5 - 1　　　　　　　　　变量描述统计

变量名	变量名称	计算方法	样本数	均值	标准差	最小值	最大值
GEE	绿色经济效率	SBM – DEA 测算	3934	0.4114	0.2028	0.1054	1.0000
Gin	绿色产业集聚	政策与组别的交互项	3934			0	1
$\ln RGDP$	经济发展水平	人均生产总值的对数	3934	10.0712	0.8235	4.5951	13.0557
$\ln Size$	城市规模	常住人口数的对数	3934	4.5652	0.7704	2.6448	7.8034
$\ln Wage$	人力资本	职工工资的对数	3934	10.2184	0.5781	2.2834	11.8284
ER	环境规制	工业烟尘去除率	3934	0.7841	0.2307	0.0049	1.4324

变量名	变量名称	计算方法	样本数	均值	标准差	最小值	最大值
FDI	外商直接投资	外商直接投资额/ 生产总值	3934	0.2908	0.3011	0.0000	2.4290
ln*Exp*	科技投入	人均科学事业 财政支出	3934	8.9901	1.8696	3.5264	15.2018
IDI	信息发展程度	互联网覆盖程度	3934	0.7313	0.5758	0.0003	2.1600
Sagg	生产服务业集聚	区位熵指数	3934	0.8140	0.2845	0.1232	2.6175

第四节　实证结果与分析

一、描述性结果与分析

本章展示了处理组与对照组城市工业绿色经济效率的动态演变趋势，如图5-1所示。可以看出，我国城市工业部门的绿色经济效率整体水平不高，但是呈现出逐步改善的趋势。对照组和处理组城市工业部门的绿色经济效率具有相似的动态演变趋势特征，可以分为三个阶段：2003~2007年，城市化和工业化的大幅推进，从需求端刺激了经济的快速增长，城市工业经济的综合绩效获得了快速提高；2008~2010年，国际金融危机导致内外需求疲软，综合经济效率缺乏增长动力；2011~2016年，随着我国绿色发展理念的深入贯彻和经济发展方式转变，工业绿色经济效率又获得了改善。但是，处理组和对照组城市工业绿色经济效率的动态演变存在一定的差异，2003年，处理组和对照组城市的工业绿色经济效率没有显著差异。2010年之后，两组城市工业绿色经济效率的时间趋势出现了明显的分化特征，处理组城市的工业绿色经济效率增长速度高于对照组城市。由于大部分试点城市是2010年之后开始实施国家生态工业示范园政策，处理组与对照组的工业绿色经济效率动态演变趋势所表现出来的差异特征，说明国家生态工业示范园政策与城市的工业绿色经济效率存在正相关关系。

基于描述分析结果，可以推断理论假说可能成立，绿色产业集聚有助于推动城市工业绿色转型。此外，两组城市的工业绿色经济效率在 2010 年之前表现出相同的趋势，说明实验组和对照组城市满足共同趋势假说，选择倍差法估计政策实施效果是合适的。接下来，将通过建立倍差法模型进一步研究国家生态工业示范园政策对绿色经济效率的影响。

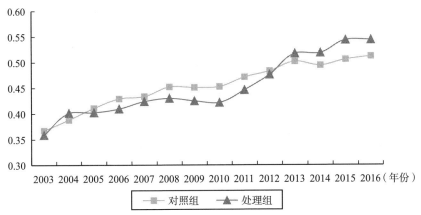

图 5 - 1　处理组与对照组绿色经济效率的动态演变趋势

二、基准模型估计结果与分析

由于式（5 - 1）引入了城市层面和时间层面的个体效应，本章采用 Hausman 检验方法选择固定效应模型或随机效应模型，Hausman 检验结果支持城市层面的个体效应为固定效应。本章首先采用虚拟变量最小二乘法（LSDV）估计固定效应模型的式（5 - 1）的参数，如表 5 - 2 所示，模型 I 和模型 II 分别考虑了和未考虑其他绿色经济效率直接影响因素的估计结果。可以发现，倍差法估计量（Gin 的回归系数）为 0.0387 且在 1% 的水平下显著，这说明在国家生态工业示范园政策实施后，工业部门的绿色经济效率获得了显著改善。进一步控制城市人力资本、外商直接投资、信息化水平、公共科技投入以及服务业集聚等其他影响因素后，倍差法估计量的系数提高至 0.0409 且在 1% 的水平下显著，这说明国家生态工业示范园政策引致城市工业部门的绿色经济效率大约提高了 9.9%。因此，国家生态工业示范园政策实施后城市工业部门的绿色经济效率获得了显著提高，意味着绿色产业集聚有助于推动城市工业绿色转型，理论假说成立。

表 5 – 2　　　　　　　　　多期双重差分法的估计结果

变量	LSDV 估计		PCSE 估计	
	模型 Ⅰ	模型 Ⅱ	模型 Ⅲ	模型 Ⅳ
Gin	0.0387 *** (0.0090)	0.0409 *** (0.0091)	0.0317 *** (0.0105)	0.0371 *** (0.0106)
$\ln RGDP$	0.1257 *** (0.0099)	0.1322 *** (0.0102)	0.0449 *** (0.0087)	0.0483 *** (0.0094)
$\ln sSize$	− 0.0139 (0.0115)	− 0.0189 (0.0120)	− 0.0470 *** (0.0088)	− 0.0544 *** (0.0082)
ER		0.0207 * (0.0123)		0.0530 *** (0.0145)
$\ln sWage$		− 0.0019 (0.0109)		0.0068 (0.0134)
$\ln Exp$		− 0.0042 (0.0037)		− 0.0054 (0.0039)
$SAgg$		0.0951 *** (0.0131)		0.0251 ** (0.0120)
IDI		− 0.0204 *** (0.0061)		− 0.0116 * (0.0070)
FDI		− 0.0104 (0.0095)		− 0.0019 (0.0095)
常数项	− 0.7698 *** (0.1030)	− 0.8419 *** (0.1335)	0.1201 (0.0911)	0.0377 (0.1347)
地区哑变量	Yes	Yes	Yes	Yes
时间哑变量	Yes	Yes	Yes	Yes
White 检验	0.0000	0.0000		
Woodridge 检验	0.0000	0.0000		
样本容量	3934	3934	3934	3934

注：括号内为标准误，*** 、** 、* 分别表示 1%、5% 和 10% 水平下显著。

本章使用的面板数据具有时间序列数据和截面数据的双重特征，误差项通常情况下可能存在序列自相关和截面异方差的风险。忽略序列相关会导致回归结果低估估计量的标准差，引致 T 统计量的取值偏大，从而错误地估计了国家生态工业示范园政策的实施效果。为此，本章采用 Wooldridge 检验和 White 检验对实证模型进行一阶自相关与异方差检验，发现残差项存在显著的自相关与异方差特征，这说明虚拟变量最小二乘法估计的标准误存在偏误。为了避免序列自相关和截面异方差问题高估政策实施效果的风险，采用面板修正标准差法（PCSE）估计多期双重差分式（5 - 1）的相关参数，估计结果如表 5 - 2 模型Ⅲ和模型Ⅳ所示。考虑扰动项的异方差和自相关后，倍差法估计量（Gin 的回归系数）的系数大小并没显著性改变，但是 T 统计量明显变小，这说明忽视了自相关结构和聚类标准误会导致虚拟变量最小二乘法的估计结果高估政策实施的显著性。但是，Gin 的回归系数在 1% 的水平下依然显著为正，支持国家生态工业示范园政策能够推动城市工业绿色转型的理论假说。从影响程度来看，国家生态工业示范园政策实施以后，城市的工业绿色经济效率平均提高了0.0371，大约为城市工业部门的平均绿色经济效率的 9%，因此国家生态工业示范园政策实施后城市的绿色经济效率大约提高了 9%。据此进一步判断理论假说成立，以生态工业园为代表的绿色产业集聚能够推动城市工业部门绿色转型与高质量发展。

三、滞后效应的计算与讨论

前面的分析说明实施国家生态工业示范园政策以后，城市的工业绿色经济效率在平均意义上显著获得了改善。但是，表 5 - 2 中回归结果只是说明了国家生态工业示范园政策的平均影响，其边际影响或滞后效应却不得而知。为了识别国家生态工业示范园政策实施后城市工业绿色经济效率的变化趋势，参考温湖炜（2017）的做法，本章将式（5 - 1）进行扩展：

$$GEE_{it} = \alpha_i + \sum_{j=0}^{8} \lambda_j du \times After^j + \boldsymbol{X}_i \boldsymbol{\beta} + \sum_t \tau_t \times Year_t + \varepsilon_{it} \qquad (5-2)$$

其中，λ_j 反映了政策实施第 j 年处理组城市的绿色经济效率高于对照组城市的程度；$After^j$ 是政策实施第 j 年的虚拟变量，但由于试点政策存在多个时点，该变量无法直接赋值，我们参考 $du \times After_t$ 的赋值方法直接对交互项进行赋值。由于随着滞后期选择时间越长，滞后效应估计实际所利用的处理组样本信息会越少，因此式（5-2）只考虑了 8 年的滞后期，估计结果见表 5-3 的全样本估计结果。出于尽量包含所有的滞后效应和保证足够的处理组样本支持的目的，本章选择 8 年的滞后期：一方面，由于有 16 个城市在 2008 年之前实施了国家生态工业园区建设的政策，解释变量 $du \times Year^8$ 至少利用了 16 个处理组城市的样本信息，不存在选取的滞后期过多问题；另一方面，选择更长时期的滞后效果估计可能难以有足够的数据支持，那么滞后期长的解释变量将只能利用极少样本城市的信息，并且 8 年的滞后期在经济学直觉上也已经足够长了。更为重要的是，8 年滞后期不是主观选择的，本章实际上依次选择了 4～9 年的滞后期，估计结果支持存在显著的六期滞后效应。

表 5-3　　　　　　　　　　　滞后效应的估计结果

滞后期	全样本估计		分样本 I	分样本 II
	LSDV 估计	PCSE 估计	PCSE 估计	PCSE 估计
$du \times Year^0$	0.0100 (0.0153)	0.0188 (0.0127)	0.0309 * (0.0183)	0.0150 (0.0151)
$du \times Year^1$	0.0001 (0.0154)	0.0026 (0.0162)	0.0282 (0.0224)	-0.0038 (0.0198)
$du \times Year^2$	0.0285 * (0.0159)	0.0297 * (0.0176)	-0.0107 (0.0244)	0.0555 ** (0.0229)
$du \times Year^3$	0.0486 *** (0.0161)	0.0468 *** (0.0174)	-0.0310 (0.0250)	0.0980 *** (0.0247)
$du \times Year^4$	0.0543 *** (0.0181)	0.0471 *** (0.0181)	-0.0408 * (0.0244)	0.0900 *** (0.0280)
$du \times Year^5$	0.0482 *** (0.0184)	0.0395 ** (0.0159)	-0.0454 (0.0249)	0.0871 *** (0.0308)

续表

滞后期	全样本估计		分样本 I	分样本 II
	LSDV 估计	PCSE 估计	PCSE 估计	PCSE 估计
$du \times Year^6$	0.0359 * (0.0197)	0.0388 * (0.0205)	-0.0218 (0.0249)	0.0754 ** (0.0362)
$du \times Year^7$	0.0208 (0.0274)	0.0334 (0.0211)	0.0176 * (0.0221)	
$du \times Year^8$	0.0244 (0.0275)	0.0210 (0.0178)	0.0043 (0.0179)	
控制变量	Yes	Yes	Yes	Yes
R^2	0.2997	0.5355	0.5512	0.5570
样本容量	3934	3934	3374	3710

注：括号内为标准误，***、**、*分别表示1%、5%和10%显著性水平下显著。

可以看出，城市获得国家生态工业园建设批复之后，绿色经济效率在即期并没有显著获得改善，存在一定的时滞性。根据 PCSE 估计结果，政策实施的当期，城市工业绿色经济效率高出了 0.0188 但没有通过显著性检验，无法证明国家生态工业示范园政策存在显著的即期效应。结合 LSDV 估计方法和 $du \times Year^1$ 系数的估计结果，可以说明绿色产业集聚推动城市转型存在一定的时滞性。$du \times Year^2$ 系数在 10% 的水平下显著且系数为 0.0297，这说明政策实施两年后，城市工业绿色经济效率获得了显著改善，大约提高了 7%。政策实施后第 3 年，工业绿色经济效率又进一步获得改善，处理组城市较对照组城市的工业绿色经济效率大约提高了 11%。政策实施第 4 年到第 6 年，处理组城市的工业绿色经济效率依然高于对照组城市，并且系数大小只是出现略有下降，以上估计结果完全支持以生态工业园为代表的绿色产业集聚推动城市转型发展的观点。

但是，7~8 期滞后项的系数没有通过显著性检验，这是否意味着国家生态工业示范园政策在长期无法提高城市的工业绿色经济效率？如果答案是肯定的，那么国家生态工业示范园政策无法在真正意义上推动城市工业绿色转型，与国家生态工业示范园政策实施的目标相悖，那么本章的理论假说也就可能遭到质疑。仔细分析可以发现，7~8 期滞后项系数不显著可能来源于样本数据的限制：一方面，大部分城市是在 2010 年及 2010 年之后才开始实施国家生态工业示范园政策，这意味着 7~8 期滞后项的观测值较少；另一方面，2009 年以前，国家生态工业示范园政策处于不完善阶段时，园区在配套政策支持、项目的选择性引入、集群支持网络建设、创新环境和集群文化等方面缺乏经验，国家生态工业示范园政策难以对城市工业形成空间外溢效应。为此，本章采用 PCSE 估计方法检验了 2009 年获得批复城市的政策实施效果，如表 5-3 所示。其中，分样本 I 选取了前 16 个试点城市作为处理组，非试点城市作为对照组；分样本 II 选取 2009 年及之后的 40 个试点城市作为处理组，非试点城市作为对照组。分样本 I 中缺乏证据支持国家生态工业示范园政策推动城市工业绿色转型的观点，说明早期的国家生态工业示范园政策没有表现出显著的空间外溢效应。分样本 II 估计结果的系数显著性与全样本保持一致，但是系数的大小高于全样本的估计结果，说明 2009 年以后，我国各个城市积极推进经济开发区、高新技术开发区改造成为生态工业示范园，为城市绿色产业集聚与高质量发展贡献了重要力量。也进一步表明，以生态工业园为代表的绿色产业集聚推动城市转型的效果具有长期性与时滞性。

四、环境因素的影响分析

如何充分发挥国家生态工业示范园政策的空间溢出效应，抑或说什么样的环境因素有助于强化绿色产业集聚对城市高质量发展的正向影响？对于这一问题的思考，有助于理解绿色产业集聚的作用机理，进而能够为工业绿色转型和城市高质量发展提供政策依据。基于前面的理论分析，本章检验环境规制、集聚经济以及市场竞争程度对生态工业园区绿色溢出效应的调节作用，将计量回归模型扩展为：

$$GEE_{it} = \alpha_i + \delta \cdot du \times After_t + \gamma \cdot du \times After_t$$
$$\times Z_{it} + X_{it}\boldsymbol{\beta} + \sum_t \tau_t \times Year_t + \varepsilon_{it} \qquad (5-3)$$

其中，Z_{it} 表示环境规制、集聚经济以及市场竞争程度等环境因素变量，依次选取工业烟尘去除率（ER）、工业就业人数区位熵指数（IAgg）、非国有企业投资比重（Market）作为环境因素的代理变量。γ 反映了环境因素对生态工业园区绿色溢出效应的调节效应，如果 γ 显著大于 0，说明环境因素具有显著的正向调节作用。分别采用虚拟变量最小二乘法和面板修正标准差法来对式（5-3）进行估计，估计结果如表 5-4 所示。

表 5-4　　　　　　　　　　　作用机制检验的估计结果

变量	环境规制程度		集聚经济程度		市场竞争程度	
	LSDV 估计	PCSE 估计	LSDV 估计	PCSE 估计	LSDV 估计	PCSE 估计
Gin	0.0245 *** (0.0095)	0.0239 ** (0.0125)	0.0426 *** (0.0112)	0.0432 *** (0.0131)	0.0464 *** (0.0128)	0.0523 *** (0.0187)
$Gin \times ER$	0.0142 * (0.0079)	0.0109 (0.0089)				
$Gin \times IAgg$			0.0201 *** (0.0064)	0.0183 *** (0.0079)		
$Gin \times Market$					0.0083 (0.0075)	0.0147 (0.0096)
$IAgg$	-0.0258 ** (0.0113)	-0.0267 * (0.0145)	-0.0335 * (0.0156)	-0.0461 *** (0.0197)	-0.0325 ** (0.0153)	-0.0188 (0.0271)
$Market$	0.0136 * (0.0075)	0.0134 (0.0104)	0.0217 (0.0234)	-0.0184 (0.0354)	-0.0013 (0.0094)	0.0166 (0.0245)
ER	0.0168 (0.0112)	0.0203 * (0.0120)	0.0358 ** (0.0105)	0.0224 * (0.0131)	0.0257 ** (0.0108)	0.0353 ** (0.0142)
$\ln RGDP$	0.1025 *** (0.0136)	0.0566 *** (0.0164)	0.1345 *** (0.0122)	0.0609 *** (0.0177)	0.143 *** (0.0128)	0.0618 *** (0.0172)
$\ln sSize$	-0.0425 *** (0.0129)	-0.0532 *** (0.0093)	0.0108 (0.0116)	-0.0232 ** (0.0104)	-0.0319 *** (0.0108)	-0.0320 *** (0.0057)
$\ln sWage$	0.0063 (0.0098)	-0.0127 (0.0135)	0.0021 (0.0103)	-0.0530 (0.0184)	-0.0061 (0.0124)	-0.0025 (0.0220)

续表

变量	环境规制程度		集聚经济程度		市场竞争程度	
	LSDV 估计	PCSE 估计	LSDV 估计	PCSE 估计	LSDV 估计	PCSE 估计
FDI	−0. 0145 (0. 0215)	−0. 0159 (0. 0376)	−0. 0316 * (0. 0174)	−0. 0155 (0. 0294)	−0. 0236 (0. 0182)	0. 0002 (0. 0205)
$\ln Exp$	0. 0083 * (0. 0049)	0. 0136 ** (0. 0056)	0. 0035 (0. 0051)	0. 0213 *** (0. 0067)	0. 0083 (0. 0060)	0. 0144 (0. 0106)
IDI	−0. 0134 (0. 0156)	0. 0065 (0. 0231)	0. 0092 (0. 0188)	−0. 0014 (0. 0217)	0. 0018 (0. 0201)	0. 0104 (0. 0241)
$SAgg$	0. 0764 *** (0. 0163)	0. 0713 *** (0. 0192)	0. 0946 *** (0. 0244)	0. 0825 *** (0. 0223)	0. 0735 *** (0. 0153)	0. 0698 *** (0. 0237)
时间/地区 哑变量	Yes	Yes	Yes	Yes	Yes	Yes
R^2	0. 3924	0. 3856	0. 3778	0. 3732	0. 3893	0. 3813
样本容量	3934	3934	3934	3934	3934	3934

注：括号内为标准误，***、**、*分别表示1%、5%和10%的水平下显著。

可以看出，绿色产业集聚推动城市转型的效果一定程度上依赖于环境规制、集聚程度以及市场竞争程度等经济环境因素，但并不是都具有显著的正向调节作用。市场竞争程度理论上能够提高资源要素的配置效率和绿色技术学习与扩散，理论上对绿色产业集聚的作用存在正向调节作用。但是，$Gin \times Market$ 的回归系数在 10% 的水平下没有通过显著性检验，但是 PCSE 估计结果下 T 值为 1. 53，P 值已经接近于 0. 1 了，因此我们并不能否定市场竞争可能存在正向的调节作用。表 5 - 4 中表明，工业集聚对城市经济效率存在一定的负向影响，这来源于工业部门的污染排放较多。然而，$Gin \times IAgg$ 的回归系数在 1% 的水平下显著大于 0，这说明工业集聚能够显著提高国家生态工业示范园绿色溢出效应。事实上，工业集聚水平既能够提升城市的产业分工优势，也会引致规模经济效应和技术溢出效应形成正向外部性，有助于疏通国家生态工业示范园政策的溢出渠道。LSDV 估计结果中，$Gin \times ER$ 的系数在 10% 的水平下显著为正，这说明环境规制程度存在一定程度的正向调节作用。然而，PCSE 估计结果中，环境规制并没有显著的正向调节作用，这看似有悖于理论预期。但是，基于以下几方面原因，我们认为 PCSE 估计结果中环境规制有利于改善国家生态工业示范园的空间外溢效应：首先，回归系数的 T 值为 1.22，其含义只是没有充分证据表明环境规制存在显著的调节效应，而并没有否定该效应的存在性；其次，由于数据可获得性限制，选取了工业烟尘去除率作为环境规制的代理变量，该变量可能无法较为准确反映环境规制程度；最后，表 5 - 3 中分样本回归结果表明早期国家生态工业示范园对城市工业绿色经济效率并不存在显著影响，反映了弱环境约束下国家生态工业示范园政策效果不佳。以上分析表明，绿色产业集聚推动城市转型的效果一定程度上依赖于环境规制、集聚程度以及市场竞争程度等环境因素。

五、潜在问题讨论与分析

本章的研究可以肯定国家生态工业示范园政策有助于推动城市工业绿色转型，但是依然存在一些潜在的问题。第一，国家生态工业示范园的申请批复是一个长期的过程，需要地方政府一定周期的前期投入与培育，即可能存在政策预期效应，采用倍差法将会低估政策实施的效果。但是，通过构建边际效应模型实证检验发现国家生态工业示范园前期建设对城市工业绿色经济效率不存在显著影响，这说明处理组城市并不存在显著的政策预期效应。第二，仔细分析发现处理组城市和非处理组城市的工业绿色经济效率在政策实施前并不存在组别的系统性差异，这说明虽然国家生态工业园区的政策实施并不满足随机试验的假定，但是两组城市满足共同趋势假定，说明倍差法估计准确地反映了政策实施的效果。第三，部分试点城市存在多个国家生态工业示范园区，国家生态工业示范园的数量差异会导致空间外溢效应存在异质性。但是，引入园区数量后却发现并不存在显著的差异，说明园区数量并不能代表园区经济相对于城市工业部门的规模。第四，生态工业园作为城市工业部门的重要组成部分，可以通过影响园区内环境效益的直接效应和改善园区外工业经济的间接效应对城市工业绿色经济效率造成影响。本章没有区分直接效应与间接效应，而是假定如果国家生态工业示范园政策能够对城市工业绿色经济效率造成影响，那么国家生态工业示范园就有空间外溢效应。通过引入园区规模大小差异可以考察一定程度上检验间接效应的存在性，但是无论是通过国家生态工业示范园的经济规模（直接效应）还是向园区外的环境扩散（间接效应）提高城市工业绿色经济效率，都能够达到驱动城市工业绿色转型的政策目标。

此外，将国家生态工业示范园的批复建设视作准自然实验，一定程度上依赖于政策实施的外生性或者随机性。但是，各城市可以通过自身的努力影响生态工业园区的建设进展，城市是否获得国家生态工业园区政策可能存在潜在的内生性。为此，通过安慰剂检验和 PSM－DID 估计结果避免政策实施的非随机性干扰本章的估计结果。本章首先利用分样本 Ⅱ 进行安慰剂检验，估计结果如表 5－5 所示。一方面，将处理组城市的政策实施时间全部提前到 2005 年，采用 2003～2008 年城市层面的面板数据检验是否存在"虚拟政策干预效应"；另一方面，剔除样本中实施了国家生态工业园区的城市，将其余样本城市分为设立开发区的城市组和未设立开发区城市组，开发区城市组定义为处理组，其余城市定义为对照组，并将开发区成立时间设定为政策时点，从而评估"开发区政策干预效应"。将政策提前到 2005 年后发现，倍差法估计量（Gin 的系数）并不显著，并不存在显著的"虚拟政策干预效应"。可以推断处理组城市和对照组城市之间具有共同的时间趋势特征，与图 5－1 所描述是一致的，所以倍差法估计量适合用于度量国家生态工业园区的政策效果。本章将开发区城市设定为处理组后，倍差法估计量（Gin 的系数）为负值且 LSDV 估计结果在 10% 的水平下显著，这说明存在一定的负向"开发区政策干预效应"。由于开发区存在一定的环境污染效应（王兵和聂欣，2016），开发区政策并没有提高城市的绿色经济效率，反而一定程度上降低了城市的绿色经济效率。以上结论隐含表明，本章的估计结果可能一定程度地高估了国家生态工业园的政策效果，但是这一结果并没有对本章的分析结论造成威胁。到目前为止，我们至少可以确定，相较于传统的开发区，国家生态工业示范园具有更好的环境表现，绿色产业集聚有助于城市工业发展绿色转型。

表 5 - 5   安慰剂检验的估计结果

变量	政策时点提前到 2005 年		处理组为开发区城市	
	LSDV 估计	PCSE 估计	LSDV 估计	PCSE 估计
Gin	0.0013 (0.0104)	0.0082 (0.0121)	− 0.0162 * (0.0094)	− 0.0156 (0.0138)
控制变量	Yes	Yes	Yes	Yes
时间/地区哑变量	Yes	Yes	Yes	Yes
样本容量	1590	1590	3150	3150

注：括号内为标准误，*** 、** 、* 分别表示 1%、5% 和 10% 的水平下显著。

此外，我们利用分样本 Ⅱ 进行 PSM - DID 回归分析。首先依据经济发展水平、污染排放强度、工业化程度以及科技创新公共投入对处理组城市和对照组城市进行一对一匹配，然后按照倾向得分匹配的倍差法来考察国家生态工业园区的绿色效应，估计结果如表 5 - 6 所示。可以看出，PSM - DID 的估计结果与表 5 - 2 的估计结果是一致的，倍差法估计量（*Gin* 的回归系数）在 1% 的水平下均显著为正，这说明理论假说 1 成立。

表 5 - 6   倾向得分匹配的估计结果

变量	LSDV 估计		PCSE 估计	
Gin	0.0374 *** (0.0087)	0.0381 *** (0.0096)	0.0398 *** (0.0107)	0.0415 *** (0.0124)
ln*RGDP*	0.1683 *** (0.0103)	0.1536 *** (0.01224)	0.0725 *** (0.0169)	0.0693 *** (0.0177)
ln*sSize*	− 0.0245 ** (0.0121)	− 0.0263 ** (0.0135)	− 0.0521 ** (0.0212)	− 0.0505 ** (0.0224)
其他控制变量	No	Yes	No	Yes
时间/地区哑变量	Yes	Yes	Yes	Yes
样本容量	3710	3710	3710	3710

注：括号内为标准误，*** 、** 、* 分别表示 1%、5% 和 10% 的水平下显著。

第五节　结论与启示

　　未来中国经济发展将不断朝着城市集聚的方向，城市日益成为经济增长的中心与人类居住的集中地，城市的稳定发展必须不断改善生态环境。随着资源和环境约束的压力不断增强，以绿色发展理念为指导、完善绿色低碳循环发展的现代经济体系是我国城市高质量转型的必由之路。文章首先构建了反映城市经济增长、资源节约、环境保护的绿色效率体系，并根据非期望产出的 SBM – DEA 模型，测算得到城市工业部门的绿色经济效率。通过对城市绿色经济效率分析，发现我国城市工业部门的绿色经济效率整体水平不高，城市发展过程中资源节约和环境保护存在较大的改善空间，但是呈现出逐步改善的趋势。在此基础上，基于国家生态工业示范园政策的准自然实验，采用 2003 ~ 2016 年中国 281 个地级及以上城市数据和多期双重差分法实证考察绿色产业集聚能否推动城市工业部门高质量转型发展。国家生态工业示范园政策实施后城市的绿色经济效率平均提高了0.0371，说明绿色产业集聚能够推动城市工业部门绿色转型与高质量发展。进一步研究发现，绿色产业集聚推动城市转型的效果依赖于环境规制、集聚程度以及市场竞争程度等环境因素，并且其影响具有长期性与时滞性。2009年以来，我国各个城市积极推进经济开发区、高新技术开发区改造成为生态工业示范园，为城市绿色产业集聚与高质量发展贡献了重要力量。

　　我国经济正处于结构转型升级、新旧动能持续转换的关键时期，推进工业绿色转型是当前经济的改革共识，这也迫切需要为经济寻求新的增长动力和政策红利。生态工业示范园是我国探索绿色发展的政策试验田，通过绿色产业集聚的方式推进资源环境利用集约化与培育现代生态产业体系，承载了城市转型发展的使命，将有力地支撑城市可持续高质量的发展。我国应该结合强约束的环境规制政策、完善的市场竞争机制以及绿色发展的长远战略规划，改革创新环境的管理体制机制，推行生态环境保护市场化，加强对城市环境的监管和治理，探索以绿色产业集聚推动城市工业绿色转型与高质量发展，破解集聚发展与生态环境保护的两难悖论，实现经济增长与环境保护的"双赢"。

第六章

无废城市建设政策与固废污染物综合防治

第一节 无废城市的背景

近年来，我国民众对生态环境保护的意识和对美好生活的诉求日益增强，党中央和国务院适时作出了推进生态文明建设的重大决策部署，积极推进"美丽中国"建设，提升民众福祉。中国在水和大气污染领域已形成了完善的治理体系，并取得了显著成效。据《2018中国生态环境状况公报》最新数据显示，我国在大气污染、水污染防治两方面取得了显著成效，全国338个城市平均优良天数比例为79.3%，同比上升1.3个百分点；细颗粒物浓度为39微克/立方米，同比下降9.3%。全国1940个国控地表水水质断面中，Ⅰ～Ⅱ类断面比例为71.0%，同比上升3.1个百分点；劣Ⅴ类断面比例为6.7%，同比下降1.6个百分点。中国固体废物由于局部矛盾错综复杂而其综合治理能力明显滞后于水和大气污染，"垃圾围城""垃圾困村"问题较普遍。固体废物污染的综合防治既关系着全面推进生态文明和美丽中国建设的大局，也是化解局部矛盾、提升民众福祉的紧迫任务。2018年12月29日，国务院出台了《"无废城市"建设试点工作方案的通知》，旨在推进固体废物源头减少和资源化利用，形成固体废物污染影响降至最低的城市发展模式，成了中国固体废物污染综合防治的突破口。

　　"无废城市"作为一种固体废物管理的先进理念，在全球范围内兴起已有 20 余年，国际社会积极推进"无废城市"理念运用于城市建设实践。如欧洲的《零废物计划》（2014 年）、日本的《循环型社会形成推进基本计划》（2013 年）、新加坡的《可持续发展蓝图》（2015 年）（陈瑛等，2019）。作为发展中国家，中国"无废城市"建设在时间上相对滞后，但发展态势喜人。2017 年，中国首次提出了"无废城市"建设的概念，掀起了固体废弃物治理的浪潮。2018 年，中国明确了"无废城市"建设的具体工作，清废行动纷至沓来。2019 年，中国逐一落实了 11 个城市和 5 个地区作为"无废城市"建设试点推进工作的实施方案，将"无废城市"的建设提升到战略高度。一系列强有力的政策支撑使得打造"无废城市"成为中国城市建设与绿色发展的新标杆，探索无废城市治理体系也成了生态文明建设纵深挺进的切入点。

　　"无废城市"理念遵循循环经济的理论思想，倡导废弃物和废旧物资的循环再生利用，实现低投入、高效率和低排放的经济发展（王明远，2005）。国际文献在"无废城市"发展领域取得显著成效，主要涉及固体废物生命周期的"无废城市"管理框架（Zaman，2005）、"无废城市"管理系统的关键评估指标（Zaman and Lehaman，2013）、基于固体废物的能源替代策略（Giulianno，2006）。国内大量文献梳理固体废物污染的治理经验、"无废城市"的概念内涵及其国际经验，进而探索"无废城市"的建设路径及其政策支撑。部分文献对中国工业"三废"的污染治理效率及其环境影响进行了实证分析（周晓红和赵景波，2004；李瑜琴和赵景波，2005），但缺乏关于"无废城市"发展状况、影响因素等问题的定量评估。

　　固体废弃物一直是我国不容忽视的环境问题，资源化、综合利用是治理固体废物的根本出路（张颖和张小丹，1998）。知易行难，固体废弃物作为环境改善的重要一环，在我国的经济发展过程中并未得到应有的重视，学术界关于固废防治研究进展缓慢。仅有的一些研究，主要以"三废"为主题，单从固体废物角度进行研究的成果主要集中在固体废弃物的管理、处置、回收、利用等现状分析，研究对象停留在单个行业和个别省份。周晓红和赵景波研究了 1981～2001 年咸阳市工业三废对环境的影响，发现咸阳工业三废污染问题非常严重（周晓红和赵景波，2004）。毕贵红和王华根据对昆明市不同政策组合下的固体废弃物管理建立动态仿真结果，发现要实现固体废弃物的可持续发展，必须在源头上通过政策设计促进居民参加到废弃物管理系统中，注重提高资源化和无害化能力的同时，要加强源头减量和回收的力度（毕贵红和王华，2008）。姚从容等基于天津市的调查，分析了中国城市电子废弃物回收处置现状（姚从容等，2009）。孙永明等对我国农业废弃物的资源化利用状况进行了综述分析与探讨，指出当前我国在此方面存在的诸多问题（孙永明等，2005）。

近年来，重大环境污染事故的频发导致局部矛盾剧烈激化，引发了政策研究者和政府部门就固废污染的重新审视，对建设"无废城市"来缓解消弭矛盾寄予厚望，无废城市建设获得国内学术界的极大关注，相关"无废城市"的研究在国内兴起。目前，国内已有一些文献基于污染治理的经验依据、国外无废城市建设的经验事实以及政策实施的理论推演，就"无废城市"的概念内涵、发展路径以及政策支撑等方面作了详细阐述。以"无废城市"的首倡者杜祥琬教授为主要代表，相关论文可见于近 3 年《中国工程科学》《环境经济》等。但不可否认，国内对于无废城市的研究处于初始状态，尚缺乏文献对无废城市整体发展状况、影响因素等基本问题进行全面、科学地定量评估和分析。探析我国省域无废城市发展水平的时空演变趋势及其影响因素，不仅在一定程度上能够丰富无废城市的理论研究，而且有利于客观把握无废城市建设的状况与规律，为推进无废城市建设具体政策实施提供实证依据。

本章基于对无废城市发展内涵的深入认识，借鉴国内关于生态文明发展及绿色发展指标体系构建的相关文献，从固废源头产生、资源化利用、终端处置能力和发展保障能力 4 个维度构建无废城市发展水平的综合评价指标体系。此外，利用无废城市指标体系，采用熵权 – TOPSIS 法测度中国省域"无废城市"发展水平和分析其时空演变趋势特征。最后，采用动态面板数据模型和 2003 ~ 2017 年省际面板数据考察中国各省域"无废城市"发展水平的影响因素，揭示无废城市发展的规律性特征。本章的研究不仅在一定程度上能丰富"无废城市"的理论研究，而且有利于客观把握"无废城市"建设的状况与规律，为推进"无废城市"建设具体政策实施提供实证依据。

第二节　中国无废城市建设的政策分析

根据污染物的形式，污染物可以分为三大类，分别是水污染、大气污染与固体污染，其中固体污染物又被称为固体废物污染。由于固体废弃物污染相对而言的局部污染，地区之间溢出不明显，被认为是局部矛盾，我国对固体废物的综合治理相对不重视。从经济学角度而言，地方政府为了满足地方居民的偏好，会选择相对合适的环境规制政策，对于缺乏空间溢出的固废废弃物污染的治理应该是有效的。事实上，固体废弃物污染随着经济发展不断加剧。基于对这些矛盾的认识，党中央也逐步意识到固废污染物治理的重要性，最终提出了无废城市建设目标。

第一阶段，无废城市的早期探索与实践阶段（见表6－1）。我国在循环经济、绿色发展以及可持续发展等理念的影响下，不少省份或城市开始探索无废城市建设。由于无废城市概念的普及程度较低，这一阶段很少有城市或地区正式提出无废城市建设目标，只是实施了一些针对生活垃圾、固废污染的政策措施。在这一时期，也有不少地区取得了非常不错的成绩和可供借鉴的经验。比如，在城市建筑垃圾资源化利用方面，河南许昌推出了"金科模式"；在垃圾分类、低值废弃物管理以及综合处理利用，广州积累了许多非常好的经验并形成了"广州模式"；湖北荆门和安徽界首等地区也推出了"城市矿产"发展模式。

表6－1　　　　　　　　中国无废城市的早期探索与实践

序号	牵头单位	项目名称
1	国家发展和改革委员会	循环经济示范城市
2	国家发展和改革委员会	餐厨废弃物资源化利用和无害化处理试点
3	工业和信息化部	工业固体废物综合利用基地建设
4	农业农村部	畜禽粪污资源化利用
5	住房和城乡建设部	城市生活垃圾强制分类

序号	牵头单位	项目名称
6	住房和城乡建设部	建筑垃圾治理
7	商务部	再生资源回收体系建设

资料来源：张占仓等：《无废城市建设：新理念　新模式　新方向》，载《区域经济评论》2019 年第 3 期。

　　第二阶段，无废城市实施与规范阶段。2017 年，我国首次提出了"无废城市"建设的概念，掀起了固体废弃物治理的浪潮。2018 年 12 月，中央全面深化改革委员会审议通过了《"无废城市"建设试点工作方案》（以下简称《方案》），明确了"无废城市"建设的目标与任务，这是党中央、国务院在固废污染领域打好污染防治攻坚战的新征程。2019 年，中国逐一落实了 11 个城市和 5 个地区作为"无废城市"建设试点推进工作的实施方案，将"无废城市"的建设提升到战略高度。依据计划，2020 年，中国将系统构建无废城市建设的具体指标体系，对无废城市建设进程综合评价和形成监测指标。

　　事实上，"无废城市"建设是融合了多学科的城市先进管理理念，我国"无废城市"建设目标的提出，不仅是具有前瞻性、战略性和长远性意义的城市发展方向，也是我国深入贯彻新发展理念、建设美丽中国的具体实践，更是我国未来城市发展的灯塔。我国通过"无废城市"建设推动形成绿色发展方式和生活方式，包括减少固体废物源头、推进固废资源化利用、减少垃圾填埋量，从而形成固体废物对环境质量负面影响最小化的城市发展模式。

第三节　研究方法与数据来源

一、评价指标体系及数据来源

　　本书以无废城市发展理念为依据，从固废"产生—利用—处置"的全过程框架出发构建指标体系，把无废城市发展的保障能力纳入指标体系，准确把握我国固废资源化利用的发展潜力。从固废源头产生量、固废资源化利用、最终处置量和保障能力 4 个纬度展开构建我国无废城市综合评价指标体系。前三个维度主要从工业、生活以及建筑领域进一步细化评价，保障能力涵盖了设施、技术、市场三个方面内容。综合考虑我国环境领域防范与治理的实际情况，结合数据的可得性和以往文献指标体系的构建原则，在生态环境部研究制定的《"无废城市"建设指标体系（试行）》的基础上进行取舍补充，筛选出能够有效表现我国各个省域（省、直辖市、自治区）通用的无废城市发展水平的三级指标体系，如表 6 - 2 所示。

表 6 - 2　　　　　　　　　"无废城市"评价指标体系

一级指标	二级指标	三级指标	属性
固体废物源头产生量	工业源头产生量	工业固体废物产生强度	负
		危险废物产生强度	负
	生活源头产生量	人均生活垃圾产生量	负
	建筑业源头产生量	建筑垃圾产生强度	负
固体废物资源化利用	工业固体废物资源化利用	工业固体废物综合利用率	正
	建筑垃圾资源化利用	建筑业企业劳动生产率	正
	其他	废弃资源综合利用业投资	正
固体废物最终处置	生活固体废物处置	生活垃圾无害化处理率	正
		每万人拥有公厕数	正
	工业固体废物处置	工业固体废物倾倒丢弃量	负
	其他	清洁保洁面积比率	正
发展保障能力	设施体系	市容环卫专用车辆设备总数	正
		环保系统年末实有人数合计	正
	技术体系	工业部门优等品率	正
		无害化处理能力	正
		专利申请受理量	正
	市场体系	治理固体废物项目完成投资	正

　　本章选择中国 31 个省份为研究对象（限于数据可得性，暂时将中国香港、中国澳门和中国台湾除外），2003 ~ 2017 年为研究的样本范围。综

合考虑固体废物防治的具体实践与数据的可得性，依据生态环境部制定的《"无废城市"建设指标体系》，选取能反映各省域"无废城市"发展水平的具体指标，具体如表 6 - 2 所示。数据主要来源于《中国统计年鉴》《中国环境统计年鉴》和国家统计局数据库。

二、熵权 - TOPSIS 法

无废城市涉及城市建设与发展的各方面，寻找到一系列可观测的具体指标并将这些指标系统加权，构建综合评价指标是评价领域的重要工作。目前，广泛运用的评价方法有因子分析法、层次分析法、模糊综合评价法、灰色关联法、TOPSIS 法以及熵权法。其中，TOPSIS 法是多目标决策的有效方法，具有计算简便、对样本量要求不大、结果合理的优势。权重的确定是 TOPSIS 法的关键环节，而熵权法是根据各评价指标数值的变异程度所反映的信息量大小来确定权数，可有效消除主观因素的影响，准确计算各指标的权重（杜挺等，2014；宓泽锋等，2016）。因此，本章结合熵权法和 TOPSIS 方法精确测度我国各省域无废城市发展所处水平，从时间和空间角度定量分析并比较我国无废城市发展水平的演变趋势。熵权 TOPSIS 评价方法的运算过程如下：

假设 n 个被评价对象和隶属于被评价对象的 m 个指标构建原始矩阵如下：

$$X = (x_{ij})_{n \times m} (i = 1, 2, \cdots, n; j = 1, 2, \cdots, m) \qquad (6-1)$$

其中，x_{ij} 为具体的指标变量。采用极差标准化法对正效应指标和负效应指标进行无量纲化处理，形成标准化评价矩阵 $X' = (x'_{ij})_{n \times m}$。

根据现有文献研究，第 j 个指标的信息熵为：

$$e_j = -\frac{1}{\ln(n)} \sum_{i=1}^{n} \frac{x_{ij}}{\sum_{i}^{n} x_{ij}} \ln\left(\frac{x_{ij}}{\sum_{i}^{n} x_{ij}}\right), \ 1 \leqslant i \leqslant n, \ 1 \leqslant j \leqslant m \qquad (6-2)$$

其中满足 $1/\ln(n) > 0$，$e_j \geqslant 0$

那么，基于信息熵的第 j 个评价指标权重为：

$$w_j = \frac{1 - e_j}{\sum_{j=1}^{m} 1 - e_j}, \ j = 1, \cdots, m \qquad (6-3)$$

式中：$w_j \in [0, 1]$，且 $\sum\limits_{j=1}^{m} w_j = 1$。

计算 $y_{ij} = w_j \times x'_{ij}$，$i = 1, \cdots, n$；$j = 1, \cdots, m$，构建加权规范决策矩阵 $Y = (y_{ij})_{ij}$。在得到熵权的基础上，分别计算不同年份评价向量的最优解和最劣解，具体如下：

$$\begin{cases} Y^+ = \{y_j^+\}_{1 \times m} \\ Y^- = \{y_j^-\}_{1 \times m} \end{cases} \qquad (6-4)$$

其中，$y_j^- = \min(y_1, y_2, \cdots, y_m) 1 \leq i \leq n$，$y_j^+ = \max(y_1, y_2, \cdots, y_m) 1 \leq i \leq n$。

最后，采用欧几里得距离计算基于熵权改进的 TOPSIS 综合评分：

$$C_i = \frac{\sqrt{\sum (y_{ij} - y_j^+)^2}}{\sqrt{\sum (y_{ij} - y_j^+)^2} + \sqrt{\sum (y_{ij} - y_j^-)^2}} \qquad 0 \leq C_i \leq 1 \qquad (6-5)$$

三、计量回归模型与数据说明

静态面板回归模型存在两方面的潜在问题：一是被解释变量存在动态滞后性，无废城市发展依赖于前期建设；二是前期的因素会影响无废城市建设，静态面板回归模型难以将前期影响因素全部纳入分析。为捕捉"无废城市"发展的动态相依性，引入"无废城市"发展水平的滞后项作为解释变量，构建动态面板回归模型为：

$$Y_{i,t} = \rho Y_{i,t-1} + Z_{i,t}\beta + \partial_i + \gamma_t + \varepsilon_{it} \qquad (6-6)$$

式中：t 为年份；Y_{it} 为第 i 个省（市）t 年"无废城市"发展水平的对数；ρ 为动态滞后项的系数；Y_{it-1} 为动态滞后项；Z_{it} 为第 i 个省（市）t 年"无废城市"发展水平的影响因素，包括人均 GDP 的对数、工业污染治理投资的对数、高新技术产业占比、外商直接投资的对数、环保职工人数的对数、专利申请受理量的对数和资源税的对数；β 为解释变量系数的列向量；∂_i、γ_t 分别为省域和时间的固定效应；ε_{it} 为随机扰动项。

相关变量的描述性统计结果如表 6-3 所示。

表6-3　　　　　　　　　　　　　描述性统计结果

变量名称	观测数	平均值	标准差	最小值	最大值
Y_{it}	465	27.546	13.129	7.561	74.089
专利申请受理量的对数	465	9.488	1.808	3.178	13.350
人均 GDP 的对数	465	10.225	0.732	8.216	12.888
工业污染治理投资的对数	465	9.556	1.009	5.146	11.485
外商直接投资的对数	465	5.797	1.597	1.197	9.777
环保职工人数的对数	465	8.199	1.440	3.367	11.421
资源税的对数	465	18.341	28.685	0.015	272.692
高新技术产业占比（%）	465	8.621	7.249	0.225	32.337

第四节　中国省域无废城市发展的现状分析

利用各省域 2003～2017 年的各指标数据，依据熵权 TOPSIS 法获得我国 31 个省域无废城市发展水平的综合评分，主要结果如表6-4 所示。可以看出，中国"无废城市"发展水平总体较低，且呈东、中、西部递减态势，"无废城市"发展水平综合评分均值位居前 10 均为中国东、中部省份，且东部地区占据 8 个省份，而综合评分均值居后 5 位的均为西部省份。东、中、西部经济发展的"量质"差异很大程度上决定了"无废城市"发展水平的东、中、西部递减特征。经济生产活动既是产生固体废物的直接原因，也是固体废物无害化与资源化的动力。不均衡外部条件、资源禀赋的地带性差异造成经济分布与资源环境承载能力的不协调，区域间的经济差异导致"无废城市"发展水平异化（关兴良等，2016）。固体废物污染的"前端预防"和"事后治理"离不开经济发展的支撑，东、中部地区依托经济和技术优势，对固体废物消纳利用程度较高。此外，有些中国东部发达地区为了促进产业结构升级，将高污染产业转移到中、西部地区，从而造成中西部地区成为高污染产业的主要"避难所"，固体废物污染成为中、西部地区产业转移面临的后发困境。

表6-4   中国省域"无废城市"发展水平的综合评分

地区	省份	2003 年	2009 年	2011 年	2017 年	均值
东部	江苏	0.571	0.570	0.609	0.516	0.560
	山东	0.685	0.615	0.572	0.285	0.539
	广东	0.456	0.542	0.488	0.375	0.504
	浙江	0.389	0.505	0.404	0.287	0.429
	河北	0.298	0.301	0.368	0.317	0.358
	上海	0.387	0.422	0.255	0.548	0.368
	辽宁	0.331	0.295	0.394	0.161	0.320
	北京	0.357	0.358	0.278	0.222	0.324
	天津	0.303	0.303	0.377	0.193	0.307
	福建	0.359	0.299	0.265	0.184	0.285
	海南	0.180	0.281	0.240	0.234	0.220
中部	河南	0.393	0.403	0.411	0.306	0.413
	湖北	0.310	0.297	0.310	0.267	0.329
	山西	0.272	0.340	0.320	0.163	0.314
	湖南	0.251	0.280	0.321	0.200	0.294
	安徽	0.221	0.230	0.281	0.254	0.262
	江西	0.226	0.255	0.261	0.175	0.239
	吉林	0.270	0.244	0.215	0.142	0.229
	黑龙江	0.299	0.217	0.218	0.161	0.230
西部	四川	0.263	0.313	0.289	0.203	0.281
	内蒙古	0.182	0.279	0.301	0.209	0.270
	广西	0.185	0.295	0.270	0.180	0.266
	陕西	0.172	0.267	0.252	0.206	0.254
	云南	0.251	0.240	0.222	0.182	0.250
	贵州	0.157	0.303	0.380	0.156	0.210
	重庆	0.175	0.190	0.217	0.150	0.201
	新疆	0.186	0.184	0.181	0.127	0.178
	青海	0.158	0.183	0.186	0.093	0.170
	甘肃	0.185	0.185	0.144	0.131	0.163
	宁夏	0.155	0.109	0.120	0.111	0.153
	西藏	0.174	0.153	0.130	0.090	0.142

由图 6-1 可见，东部地区"无废城市"发展呈微弱下滑趋势，中、西部地区呈倒"U"形；2015 年后 3 大地区均显著下降。工业污染治理投资、城市化进程及再生资源价格的动态演变很大程度上决定了这一趋势。2003~2015 年，中国不断增加工业污染治理投资，但投资主要针对水和大气污染，忽视固体废物的综合防治，导致东、中、西部"无废城市"发展水平没有表现出明显改善趋势。由于中、西部地区人口城市化进程相对缓慢，生活垃圾产生相对较少，"无废城市"建设表现出一定的上升趋势。2015 年后，再生资源价格出现下滑，固体废物资源综合利用量呈明显下滑趋势，加之固体废物治理投资历史欠账的负面影响的逐渐显现，导致三大地区"无废城市"发展水平出现整体性下降趋势。正是由于固体废物污染综合防治的形势恶化，中国在 2018 年提出了"无废城市"建设的具体任务和目标，要扭转固体废物防治困难加剧的局面。

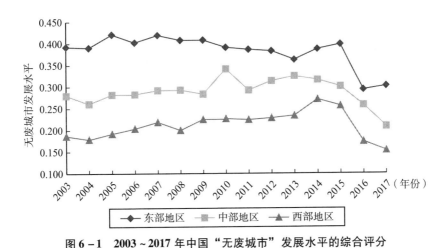

图 6-1 2003~2017 年中国"无废城市"发展水平的综合评分

第五节 中国省域无废城市发展的影响因素分析

利用 Stata 15.0 分析软件，采用系统 GMM 方法对动态面板回归模型进行参数估计。2011 年，中国生态文明地位被提升到新的战略高度，据此划分为两个子样本进行分析，结果如表 6-5 所示。序列相关检验的一阶序列相关（AR(1)）的 P 近似为 0，二阶序列相关（AR(2)）的 P 均高于 0.1，说明随机扰动项不存在高阶自相关。Wald 检验统计量较大，则 P 接近于 0，说明系统 GMM 估计选取的工具变量合理，全样本和两个子样本的动态滞后项系数均在 1% 水平下显著，表明中国"无废城市"发展是一个连续累积的过程。

表 6 – 5　　　　　　　　动态面板回归模型的估计结果

项目		全样本	2011 年前	2011 年后
Y_{it-1}	系数	0.567 ***	0.400 ***	0.526 ***
	T 值	10.99	4.95	6.91
人均 GDP 的对数	系数	− 2.163 **	− 6.230 ***	1.045
	T 值	− 2.24	− 4.01	0.66
高新技术产业占比	系数	0.227 **	0.676 ***	0.279 **
	T 值	2.18	3.49	0.35
工业污染治理投资的对数	系数	0.007	0.037	0.001
	T 值	0.31	1.38	0.01
专利申请受理量的对数	系数	− 0.266	0.622	− 0.921
	T 值	− 0.36	0.51	− 0.69
资源税的对数	系数	− 0.042 **	− 0.036 *	− 0.036 *
	T 值	− 2.73	− 2.07	− 2.07
环保职工人数的对数	系数	− 0.197	− 0.275	2.140 ***
	T 值	− 0.47	− 0.40	3.49
外商直接投资的对数	系数	1.630 **	− 0.160	1.897 **
	T 值	2.47	− 0.11	2.46
常数项	系数	26.590 ***	72.880 ***	− 18.220
	T 值	3.63	4.81	− 1.65
个体效应		是	是	是
时间效应		是	是	是
AR(1) 检验的 P		0	0	0

续表

项目	全样本	2011 年前	2011 年后
AR（2）检验的 P	0.53	0.72	0.35
Wald 检验	220.05	91.83	189.07
观测数	434	217	217

注：***、**、* 分别为在 1%、5% 和 10% 的水平下显著。

全样本和 2011 年前回归中，人均 GDP 对数的系数显著为负，而 2011 年后系数为正且不显著。经济发展水平与中国省域"无废城市"发展水平呈负相关，环境政策强约束能打破这种负相关的矛盾关系。随着经济发展过程中对环境污染问题的日益重视，经济增长与环境保护的矛盾有所减缓。但中国对固体废物污染防治的重视程度依然不够，即使在环境污染政策的强约束下，经济发展对于"无废城市"发展水平的正向效应作用依然不显著。

高新技术产业能显著提升省域"无废城市"的发展水平。高新技术产业占比的系数都显著为正。高新技术产业高度契合"无废城市"的发展要求，能在生产全过程中满足固体废物减量化和资源化要求。高新技术产业作为中国技术创新的主力军，在高新技术产业的支持下，中国的生活垃圾焚烧完成从"邻避"到"邻利"的完美蜕变，工业副产物"豁免"的工作得以稳步推进，对于固体废物污染的综合防治意义重大。

资源税对数的系数显著为负，说明资源的依赖性显著抑制了中国省域"无废城市"的发展。资源型经济属于高资源消耗、高环境污染、粗放型经济增长的"黑色"发展模式（孙毅和景普秋，2012），暗含着资源依赖性的代价是固体废物的大量产生和产业结构转型困局的持续恶化。区域经济对资源的依赖，使中国部分地区陷入"资源诅咒"陷阱。克服区域经济的资源依赖性、打破产业结构转型困局是"无废城市"建设中面临的一大挑战。

工业污染治理投资对中国固体废物治理的成效甚微，中国工业污染治理投资主要针对水和大气污染，在固体废物防治方面还存在历史欠账，对"无废城市"发展的促进作用还未显现（王鹏和谢丽文，2014）。

环保职工人数对数和外商直接投资对数的系数从 2011 年前的不显著转变成 2011 年后的显著，说明社区环境管理能力和外商直接投资随着环境约束的增强，对"无废城市"发展的作用从无影响转变为促进。外商直接投资对环境质量存在"污染光环"和"污染避难所"两种相互对立的效应（李金凯等，2017），但随着环境约束的增强，能促进"无废城市"的发展。社区环境管理能力与居民的生活质量息息相关，能带动公民参与固体废物管理与资源化利用，形成民众环保的示范效应，为"无废城市"发展带来持续动力。

专利申请受理量对数的系数均不显著。技术进步与中国"无废城市"发展水平具有较复杂的关系特征。一方面，技术进步扩大了产能，增加了资源利用量，使污染排放增多；另一方面，技术进步提高了生产效率，促进了清洁能源的使用，能减少污染物的排放（王飞成和郭其，2014），无法明确技术进步对"无废城市"发展的正负效应。

第六节　本章小结与启示

"无废城市"的建设是中国对经济发展模式的重新审视，是摆脱"获取－制造－使用－废弃"的线性经济模式转为"减量－再利用－再循环"的循环经济模式。根据熵权－TOPSIS 法对 2003～2017 年中国"无废城市"发展水平进行测度，采用动态面板模型考察中国"无废城市"发展水平的影响因素。中国"无废城市"的发展水平在空间上呈现东、中、西部递减态势，在时间上东部地区表现为下滑趋势，中、西部地区呈倒"U"形趋势。

中国"无废城市"的发展水平具有连续性和积累性，动态面板模型很好捕捉了这种动态相依特征；中国对于固体废物污染防治的重视程度存在不足，导致经济发展水平与中国省域"无废城市"发展水平呈负相关，但高新技术产业在显著改善中国"无废城市"发展水平中占据主导地位；中国存在固体废物污染治理投资的历史欠账，工业污染治理投资对"无废城市"发展的影响效果甚微；资源依赖性显著抑制了省域"无废城市"发展；技术进步对省域"无废城市"的发展水平有着复杂影响；随着环境政策约束的强化，社区环境管理能力和外商直接投资对"无废城市"发展从不显著影响转为促进作用。

目前，中国"无废城市"发展面临着较大挑战。（1）必须摸清固体废物污染的现实状况和客观规律，找到弥补固体废物污染防治历史欠账的治理路径。（2）观念层面上强化对固体废物污染治理的重视程度，将"无废城市"理念融入城市设计和经济发展理念中。最重要的是，制度层面上必须提高固体废物污染防治的战略地位。制定合适强度的环境规制，实施生产者责任延伸制度，构建固体废物污染防治的长效治理机制。

第七章 ///

中部地区绿色发展现状及其政策支持研究

第一节 中部地区绿色发展的现状分析

我国经济正处于结构转型升级的攻坚期、新旧动能转换的关键时期，也是区域经济重新调整的重大机遇期。在此背景下，中部地区经济发展势头较好，经济增速领先于其他地区。与此同时，中部地区绿色崛起也尤为重要，既关乎着我国经济绿色发展转型的大局，也关乎着中部地区几亿人的健康福祉。党的十九大报告明确要求，必须坚定不移贯彻"创新、协调、绿色、开放、共享"的五大发展理念，建立健全绿色低碳循环发展的现代经济体系，走绿色发展之路。2019 年 5 月 21 日，习近平总书记在江西考察并主持召开推动中部地区崛起工作座谈会时强调："坚持绿色发展，开展生态保护和修复，强化环境建设和治理，推动资源节约集约利用，建设绿色发展的美丽中部。"

一、中部六省生态文明建设比较与分析

根据国家统计局等四个部门联合组织的生态文明建设年度评价结果，可以基本了解各个省份绿色发展的情况。表 7 – 1 报告了 2016 年中部六省生态文明建设年度评价结果。从六个省份的横向比较来看，湖北和湖南两

个省份在中部地区绿色发展方面处于领先的地区，绿色发展指数高于80。江西省是国家生态文明示范区，在环境治理、生态保护以及公众满意程度方面比较领先，说明江西省承担了较多的生态环境保护任务，在绿色资源开发利用方面相对较少。此外，公众满意程度与环境质量指数是高度相关的，说明居民能够感知环境质量的变化并作出相应的评价。强化生态文明治理、提高环境质量的最终目标就是为了提高居民的福祉，将生态文明建设上升到国家战略也是改善居民福祉的普惠政策方针。

表7-1　　　　　　　　中部六省生态文明建设年度评价结果

地区	绿色发展指数	资源利用指数	环境治理指数	环境质量指数	生态保护指数	增长质量指数	绿色生活指数	公众满意程度（%）
湖北	80.71	86.07	82.28	86.86	71.97	73.48	70.73	78.22
湖南	80.48	83.7	80.84	88.27	73.33	77.38	69.1	85.91
江西	79.28	82.95	74.51	88.09	74.61	72.93	72.43	81.96
安徽	79.02	83.19	81.13	84.25	70.46	76.03	69.29	78.09
河南	78.1	83.87	80.83	79.6	69.34	72.18	73.22	74.17
山西	76.78	78.87	80.55	77.51	70.66	71.18	78.34	73.16

　　资料来源：国家统计局：《2016年生态文明建设年度评价结果公报》。

　　为了进一步了解中部地区生态文明建设情况与绿色发展水平，表7-2报告了2016年中部六省生态文明建设年度评价结果在全国的排名情况。从总体评价情况的全国横向比较来看，中部六省的绿色发展在全国并不存在显著的领先优势，其中仅有湖南省和湖北省进入全国前10，而山西省在全国31个省级行政区（不含港澳台）中处于第26位，落后于全国生态文明建设进程。江西具有一定的独特性，尽管绿色经济发展的指标相对落后，但是生态保护指数和公众满意度位列全国前列，说明江西在生态保护与修复上作出了较大贡献。这也就解释了为什么江西经济发展相对落后，但是随着人均收入水平的提高，如何实现生态优势的价值也是江西的重要机遇。从总体来看，中部地区的绿色发展并不理想，存在中部地区的"绿色发展塌陷问题"。

表 7 - 2　　　　中部六省生态文明建设年度评价在全国的排名

地区	绿色发展指数	资源利用指数	环境治理指数	环境质量指数	生态保护指数	增长质量指数	绿色生活指数	公众满意程度（%）
湖北	7	4	7	13	17	13	17	20
湖南	8	16	11	10	9	8	25	7
江西	15	20	24	11	6	15	14	13
安徽	19	19	9	20	22	9	23	21
河南	22	15	12	26	24	17	10	26
山西	26	29	13	29	20	21	4	27

资料来源：国家统计局：《2016 年生态文明建设年度评价结果公报》。

二、长江中游城市绿色发展的比较与分析

长江经济带是我国绿色发展的先行示范区，而处于长江经济带中游的中部地区绿色发展又是如何呢？本章基于长江中游城市的绿色发展指数测算结果，分析各个城市绿色发展的情况和区域差异。表 7 - 3 报告了长江中游的江西、湖北、湖南和安徽四省各城市的绿色发展情况。从纵向进行比较发现，各省的绿色发展水平都处于稳步增长阶段，且在 2015 年后绿色发展进程明显加快，其中湖南省所属城市增长速度最高。

表 7 - 3　　　　　　长江中游城市绿色发展情况

省份	城市	2007 年	2008 年	2009 年	2010 年	2011 年	2012 年	2013 年	2014 年	2015 年	2016 年
江西省	南昌市	0.294	0.319	0.340	0.364	0.383	0.404	0.432	0.464	0.510	0.588
	景德镇市	0.294	0.319	0.341	0.364	0.383	0.404	0.433	0.464	0.510	0.589
	萍乡市	0.295	0.319	0.341	0.364	0.384	0.405	0.433	0.465	0.511	0.589
	九江市	0.295	0.319	0.342	0.365	0.384	0.405	0.433	0.465	0.511	0.590
	新余市	0.295	0.320	0.342	0.365	0.384	0.406	0.433	0.465	0.512	0.590
	鹰潭市	0.295	0.320	0.342	0.365	0.384	0.406	0.433	0.465	0.513	0.593

续表

省份	城市	2007 年	2008 年	2009 年	2010 年	2011 年	2012 年	2013 年	2014 年	2015 年	2016 年
江西省	赣州市	0.295	0.320	0.342	0.365	0.384	0.406	0.433	0.465	0.513	0.594
	吉安市	0.296	0.320	0.343	0.366	0.384	0.406	0.433	0.465	0.513	0.594
	宜春市	0.296	0.320	0.343	0.366	0.384	0.406	0.434	0.465	0.513	0.595
	抚州市	0.296	0.320	0.343	0.366	0.385	0.407	0.434	0.465	0.514	0.596
	上饶市	0.296	0.321	0.344	0.366	0.385	0.407	0.434	0.466	0.515	0.597
湖北省	武汉市	0.296	0.321	0.344	0.366	0.385	0.408	0.434	0.466	0.515	0.597
	黄石市	0.296	0.321	0.344	0.367	0.385	0.408	0.434	0.468	0.516	0.598
	十堰市	0.296	0.321	0.344	0.367	0.385	0.408	0.435	0.468	0.517	0.601
	宜昌市	0.297	0.321	0.344	0.367	0.385	0.409	0.435	0.469	0.517	0.602
	襄阳市	0.297	0.321	0.344	0.367	0.385	0.409	0.435	0.469	0.517	0.604
	鄂州市	0.297	0.322	0.344	0.368	0.385	0.410	0.435	0.470	0.518	0.604
	荆门市	0.297	0.322	0.345	0.368	0.385	0.411	0.436	0.470	0.519	0.605
	孝感市	0.298	0.322	0.345	0.368	0.386	0.411	0.436	0.470	0.519	0.606
	荆州市	0.298	0.322	0.345	0.368	0.386	0.411	0.436	0.471	0.521	0.611
	黄冈市	0.298	0.322	0.345	0.368	0.386	0.411	0.436	0.471	0.522	0.611
	咸宁市	0.298	0.323	0.345	0.369	0.387	0.411	0.436	0.471	0.522	0.612
	随州市	0.298	0.323	0.346	0.369	0.387	0.412	0.437	0.471	0.522	0.613
湖南省	长沙市	0.298	0.323	0.346	0.369	0.387	0.412	0.437	0.471	0.523	0.613
	株洲市	0.299	0.323	0.346	0.370	0.387	0.412	0.437	0.472	0.523	0.614
	湘潭市	0.299	0.324	0.347	0.370	0.387	0.412	0.437	0.473	0.523	0.614
	衡阳市	0.299	0.324	0.347	0.370	0.387	0.413	0.437	0.474	0.524	0.615
	邵阳市	0.299	0.325	0.347	0.370	0.387	0.413	0.438	0.474	0.525	0.616
	岳阳市	0.299	0.325	0.347	0.370	0.388	0.413	0.438	0.475	0.525	0.617
	常德市	0.300	0.325	0.347	0.371	0.388	0.413	0.439	0.475	0.526	0.618
	张家界市	0.300	0.326	0.347	0.371	0.388	0.413	0.440	0.476	0.526	0.620
	益阳市	0.300	0.326	0.347	0.371	0.388	0.413	0.440	0.476	0.527	0.621
	郴州市	0.300	0.326	0.347	0.371	0.388	0.414	0.441	0.476	0.527	0.621
	永州市	0.301	0.326	0.348	0.371	0.388	0.414	0.441	0.476	0.527	0.625
	怀化市	0.301	0.326	0.348	0.371	0.389	0.414	0.441	0.477	0.528	0.626
	娄底市	0.301	0.326	0.349	0.371	0.389	0.414	0.441	0.477	0.528	0.626

续表

省份	城市	2007 年	2008 年	2009 年	2010 年	2011 年	2012 年	2013 年	2014 年	2015 年	2016 年
安徽省	合肥市	0.290	0.314	0.337	0.360	0.382	0.402	0.428	0.459	0.503	0.577
	芜湖市	0.290	0.314	0.337	0.360	0.382	0.402	0.429	0.459	0.503	0.577
	蚌埠市	0.290	0.315	0.338	0.360	0.382	0.402	0.429	0.460	0.503	0.577
	淮南市	0.291	0.316	0.338	0.360	0.382	0.402	0.429	0.460	0.503	0.577
	马鞍山市	0.291	0.316	0.338	0.360	0.382	0.402	0.430	0.460	0.504	0.581
	淮北市	0.291	0.316	0.338	0.360	0.382	0.402	0.430	0.460	0.504	0.581
	铜陵市	0.291	0.316	0.338	0.361	0.382	0.402	0.430	0.460	0.504	0.581
	安庆市	0.291	0.316	0.339	0.362	0.382	0.403	0.430	0.460	0.505	0.581
	黄山市	0.292	0.317	0.339	0.362	0.383	0.403	0.430	0.461	0.505	0.583
	滁州市	0.292	0.317	0.339	0.362	0.383	0.404	0.431	0.462	0.506	0.584
	阜阳市	0.292	0.317	0.340	0.362	0.383	0.404	0.431	0.462	0.506	0.584
	宿州市	0.292	0.317	0.340	0.362	0.383	0.404	0.431	0.462	0.506	0.585
	六安市	0.293	0.318	0.340	0.363	0.383	0.404	0.431	0.462	0.507	0.586
	亳州市	0.293	0.318	0.340	0.363	0.383	0.404	0.432	0.463	0.507	0.588
	池州市	0.294	0.318	0.340	0.363	0.383	0.404	0.432	0.463	0.508	0.588
	宣城市	0.294	0.319	0.340	0.364	0.383	0.404	0.432	0.463	0.510	0.588

资料来源：根据绿色发展的综合指标体系测算得到。

从各城市的横向比较来看，各省内部的城市绿色发展水平差异较小，但湖南省所属城市的绿色发展水平明显高于其他城市。总体而言，在长江中游各城市绿色发展情况较好且处于快速增长阶段且区域差异较小，其中湖南省无论增速还是发展水平均领先于其余省份。就江西省内部而言，在 2015 年前各城市绿色发展水平差异不大，但当步入 2015 年后，宜春市、抚州市和上饶市生态文明建设持续发力，绿色发展水平开始与其他城市拉开差距。

可以看出，长江中游城市的绿色发展持续获得了改善，尤其是长江经济带发展战略实施以来，绿色发展进程明显加速。我国地方政府的目标导向与业绩导向非常强烈，长江经济带施加了环境约束后中部地区表现出非常强的绿色发展意愿。前一部分表明，中部地区的绿色发展在全国并没有明显优势，从城市视角分析又发现中部城市的绿色发展增速喜人，这是否矛盾？事实上，这些结果并不矛盾。中部地区绿色发展"塌陷"问题来源于长期以来的经济社会发展状况，是产业结构、人口因素以及区位环境共同决定的。城市尺度的趋势分析则代表中部地区的绿色发展追赶。

三、绿色发展的"中部塌陷问题"

前文分析表明，中部地区在绿色发展中并没有领先优势。一些研究还表明中国绿色发展存在"中部塌陷问题"，即中部地区的绿色发展绩效不仅低于东部地区，而且低于西部地区。根据首都科技发展战略研究院所建立的"中国绿色发展指数评价指标体系"对各个省份绿色发展水平进行测度，依据其发布的《2017/2018 中国绿色发展指数报告》，本书对中部六省的排名及其时间演化进行了分析（见表 7 - 4）。

表 7 - 4　　　　　　　　　中部六省绿色发展排名情况

省份	2010 年	2011 年	2012 年	2013 年	2014 年	2015 年	2016 年	2017 年	2018 年
安徽	18	21	24	24	26	24	27	14	13
江西	19	17	20	19	17	21	23	23	22
湖北	23	24	22	22	23	23	21	20	18
湖南	26	28	27	26	25	27	25	24	21
河南	27	29	30	29	29	29	30	29	26
山西	22	25	25	23	24	25	28	26	29

资料来源：首都科技发展战略研究院：《2017/2018 中国绿色发展指数报告》。

从测度结果看，中部六个省份排名靠后，经济实力并未实现高质量发展，但资源和环境的破坏造成的影响日趋扩大。我国的生态资源空间分布极为不均，各地区间面临的资源环境压力差别迥异。一方面，经济较发达的地区，如上海、北京、天津、广东等地，其资源环境压力很大；另一方面，资源环境承载潜力较高的中部地区，其经济又相对比较落后，没有得到充分的发展。在中部地区，资源禀赋的贡献弱于经济社会绿色转型带来的高质量增长，如果资源禀赋良好但欠缺创新，就容易陷入"低端锁定"的困局。绿水青山如何变成金山银山，成为当前中部六省面临的重要时代课题。

第二节 中部地区绿色创新的现状分析

习近平总书记在党的十九大报告中指出"像对待生命一样对待生态环境"，并且提出要通过积极推进绿色发展、着力解决突出的环境问题、加大生态系统保护力度等办法来实现美丽中国建设。绿色发展是破解环境问题的根本出路，而要绿色发展的战略目标就必然通过绿色专利技术的创新与应用。专利技术的"绿色性"主要体现在两个方面，一方面是专利技术应用对生态环境不会造成负向影响或者影响较小；另一方面是专利技术的设计是为了实现生态环境保护和改进环境治理，比如节能环保技术、污染防治技术、清洁能源技术等，就是通过绿色创新来推动生态环境的保护。

由于绿色技术具有兼顾经济发展与环境保护的双重价值，存在环境质量的正向外部性和空间溢出的正向外部性，绿色技术的研发往往又需要投入更多的时间、精力、资源，因此，企业主体往往缺乏绿色技术创新的动机或者绿色技术创新的投入往往低于社会最优。作为一种创新成果保护机制，绿色专利制度通过知识产权保护赋予创新主体享有绿色专利的知识产权和经济收益，保障企业运用绿色技术创新获得市场竞争优势。此外，经济社会的快速发展孕育着不同类型的新技术，绿色技术创新业较为复杂，如何施加约束条款，倒逼创新主体将环境保护与可持续发展理念融入研发创新和技术开发活动中，就会促使创新主体在新兴技术运用创新时增加绿色因素。

绿色技术创新也是中部地区实现绿色可持续发展的必由之路，绿色创新能力也就决定了地区绿色发展的能力。因此，本章将从绿色专利视角考察中国地区绿色发展的现状，为中部地区实现绿色崛起提供参考。

一、基于国家知识产权保护局统计数据的分析

根据《中国绿色专利统计报告（2014～2017）》的数据，2014～2017

年，我国绿色专利申请总量已经高达 24.9 万件，平均增长速度高于发明专利整体增速 3.7 个百分点，说明我国技术创新具有绿色技术偏向。总体而言，我国的绿色技术创新活动非常活跃，绿色技术创新能力也不断获得提高，绿色专利拥有量逐步提升。绿色技术创新对于我国经济绿色可持续发展意义重大，鼓励绿色创新的政策也获得了非常显著的成效。

　　不同地区之间绿色技术创新存在较大的差异，绿色创新主要集中在东部沿海地区，西部地区部分省份的绿色创新活动也较为活跃。相反，中部地区绿色创新表现并不好。图 7 – 1 展示了在 2014 ~ 2017 年我国主要省份累计专利数分布情况。可以看出，2014 ~ 2017 年，国内绿色专利申请累计量超过 1 万件的省份有 7 个，除北京外，均位于中国东南沿海。西部地区的四川省、广西壮族自治区也是中国绿色技术创新的新的活跃区，其中 2017 年四川的绿色专利申请量的同比增速达到 59.5%。总体来看，江苏省的绿色技术创新遥遥领先于其他省市，这与江苏省高度重视绿色发展领域与其他地区践行绿色发展观是密切相关的。其他各个省份应该学习"江苏模式"，总结和学习江苏绿色创新与绿色发展的先进经验。

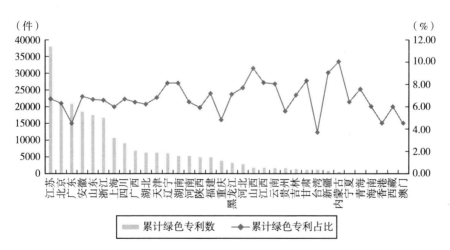

图 7 – 1　2014 ~ 2017 年主要省份累计绿色专利数分布情况

资料来源：国家知识产权局：《中国绿色专利统计报告（2014 ~ 2017）》，2018 年。

表 7-5 报告了为 2017 年中部六省绿色专利申请及其占比情况。从绿色专利的总量来看，安徽省处于绝对领先地位，这来源于安徽省的创新能力，其专利总数在中部地区也处于领先地位。值得注意的是，山西省绿色专利占比和累计绿色专利占比最高，这并不能反映山西省的绿色发展状况最好，山西省独特的产业结构，要求其必须发展绿色技术。山西省无论在绿色专利数还是专利数方面，都落后其他地区，这与山西省绿色发展指标垫底是一致的。对于山西省而言，应该强化创新能力才能破局绿色发展的困境。江西处于长江经济带中游，绿色创新也表现较为一般，难以实现绿色中部崛起。对于江西而言，如何提升创新能力而不仅仅是绿色创新能力，才是绿色发展的关键技术问题。

表 7-5　　　　　2017 年中部六省绿色专利申请量及其占比情况　　　单位：件

省区市	绿色专利数	专利数	绿色专利占比（%）	累计绿色专利数	累计全部专利	累计绿色专利占比（%）
安徽省	6770	91967	7.40	18529	269557	6.90
湖北省	2381	39767	6.00	6511	105286	6.20
湖南省	1954	25473	7.70	5511	68201	8.10
河南省	2113	31576	6.70	5443	85164	6.40
山西省	597	6287	9.50	2094	22379	9.40
江西省	676	9575	7.10	1955	24097	8.10
平均值			6.80			6.70

资料来源：国家知识产权局：《中国绿色专利统计报告（2014~2017）》，2018 年。

事实上，绿色技术创新的区域差异主要来源于各个地区科教资源的差异。根据《中国绿色专利统计报告（2014~2017）》，绿色技术创新主要活跃于高校研发群体，企业的绿色技术创新活动明显不足。2014~2017 年，国内绿色专利申请量前 20 名的申请人中入围的大学达到 16 家，企业仅占 3 家，入围的 3 家企业均属于大型央企。中部地区的安徽省是国内重要的科创中心，相反，江西省和山西省高等教育资源极为稀缺，从而导致绿色创新能力和创新能力都较低。高校是参与绿色创新活动的主要群体也说明绿色技术创新的外部性，主要以营利目标为导向的企业对绿色参与的积极性并不高。因此，如何激发企业绿色创新，构建企业主导的绿色技术创新体系将是绿色发展的难题。

二、基于绿色创新测度数据的现状分析

本部分借鉴《中国绿色专利统计报告（2014～2017）》的绿色专利的分类方式，以"污染控制、污染治理、环境材料、替代能源、节能减排、绿色农业、绿色林业、循环利用、新能源、绿色建筑、绿色管理"为关键词，在国家知识产权局的专利检索及分析服务平台上获取 2000～2018 年我国 31 个省份的专利数据，从而构建绿色技术创新的面板数据，分析绿色技术创新的时空演变趋势。

从图 7－2 可以发现，我国绿色技术创新增长速度非常快，绿色创新活动相当活跃。从总体上看，从 2000～2017 年，我国的绿色专利申请总量逐年上升，在这 10 年间大致可以分为 4 个阶段。第一个阶段为 2000～2007 年，这个阶段是绿色技术创新发展缓慢时期，由于我国主要追求的是经济发展目标而忽视绿色发展的重要，对绿色技术创新的重视程度较低。第二个阶段为 2007～2011 年，这个阶段是我国绿色技术创新较快增长期。2007 年，党的十七大首次提出建设生态文明，同时将"建设资源节约型、环境友好型社会"写入党章，我国出现了一个绿色技术创新的高峰期。第三个阶段为 2011～2014 年，这个阶段是绿色技术创新的波动增长期，其主要是由于经济周期性调整压力较大。第四个阶段为 2014～2017 年，我国进入了绿色技术创新快速发展时期，由于绿色技术创新政策的不断完善，绿色技术创新有了一个新阶段的增长，史上最严厉的环保法规的创新激励效应已初步显现。

表 7－6 展示了我国 2000～2017 年各地区的平均绿色专利申请数。从时间趋势来看，绿色技术创新的增长速度非常快，东部、中部、西部以及东北地区的绿色技术创新都是呈快速增长趋势。这可能来源于我国整体经济发展水平与创新能力的提升，这也与我国绿色发展水平不断提高是一致的。

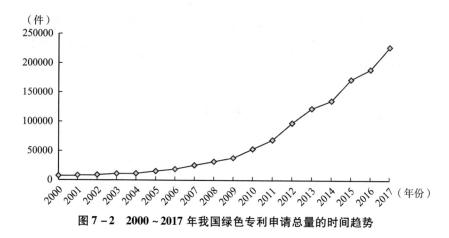

图 7 - 2　2000 ~ 2017 年我国绿色专利申请总量的时间趋势

　　可以发现，国内绿色技术的创新活跃程度呈现区域分布的不平衡性，绿色技术的创新活动在东部经济发达地区尤其活跃，西部地区的绿色技术创新活动呈追赶趋势，东北地区发展缓慢，可见绿色技术储备与经济发展水平成明显正相关。总体而言，绿色技术创新呈东部、中部、西部的梯度下降趋势，这种梯度下降趋势来源于经济发展差异的因素。绿色技术创新与经济发展互为因果关系，绿色技术创新可以推动经济绿色可持续发展，经济发展也需要新的绿色技术支撑，也提供了更丰富的资源投资于绿色创新活动。

表 7 - 6　　　　　我国 2000 ~ 2017 年各地区省均绿色专利申请数　　　　单位：件

年份	东部	中部	西部	东北
2000	414	195	88	309
2001	494	190	95	321
2002	572	179	96	323
2003	699	234	120	371
2004	751	230	111	395
2005	1050	305	142	467
2006	1292	363	181	561

年份	东部	中部	西部	东北
2007	1724	528	256	713
2008	2197	626	294	867
2009	2684	745	349	926
2010	3802	1093	480	1112
2011	4926	1439	633	1240
2012	6946	2072	923	1645
2013	8571	2682	1260	1929
2014	9337	3148	1448	2106
2015	11661	4130	2004	2368
2016	12866	4746	2127	2312
2017	15515	5883	2449	2654

表7-7展示了2000～2017年中部各省绿色专利申请数。时间趋势上，中部六省绿色发展与全国保持一致，横向比较来看，不同省份绿色发展存在较大的差异。可以发现，中部六省整体上绿色技术创新能力获得了持续提高，并在2014年后的发展速度明显加快。同时横向对比发现，安徽省和湖北省绿色创新能力领跑中部，而江西省、山西省的发展水平都落后于其他省份，中部地区的绿色技术创新存在明显的不平衡性。其中，安徽省的绿色创新值得关注，在中部地区处于领先优势，也是绿色创新提升最快的省份。

表7-7　　　　　　2000～2017年中部各省绿色专利申请数　　　单位：件

年份	山西省	安徽省	江西省	河南省	湖北省	湖南省
2000	128	150	104	271	240	277
2001	131	118	89	235	274	292
2002	116	120	78	225	253	283
2003	129	166	104	315	331	358
2004	91	160	105	337	341	346
2005	142	220	137	402	498	433

年份	山西省	安徽省	江西省	河南省	湖北省	湖南省
2006	195	276	155	510	535	504
2007	291	442	178	777	784	697
2008	320	441	247	980	841	927
2009	381	641	319	1126	1132	872
2010	616	1143	458	1441	1552	1345
2011	669	1983	599	1849	1838	1696
2012	841	3325	777	2671	2420	2399
2013	1050	4515	989	3193	3314	3031
2014	1190	5754	1120	3691	3834	3301
2015	1274	8147	1814	4716	4737	4093
2016	1271	9752	2216	4999	5870	4369
2017	1418	12105	2853	5950	7743	5226

从时间趋势来看，2000~2007年，中部地区的绿色创新基本处于相对停滞阶段，但在2007~2014年则迎来了较快发展的时机，2014年后，中部地区则又进入了迅速增长阶段。从这个角度看，绿色技术创新离不开政策支撑。2007年以后，我国对绿色发展要求逐步加码，对地方政府也施加了环境目标约束。2014年以来，我国逐步探索长江经济绿色示范带建设，对于中部地区绿色发展提出了新的要求，绿色技术创新活跃度与政策密集度存在密切相关的关系。

第三节　环境保护税对中部地区绿色创新的影响

一、中国实施环境保护税的现状分析

随着资源消耗和环境污染形势日益严峻，国内外关于环境税推动经济绿色发展的实践也日益丰富。2016年12月25日，我国正式通过了《中华

人民共和国环境保护税法》，并于 2018 年 1 月 1 日起正式施行。环境保护税旨在以市场化的环境规制手段内部化环境污染成本，倒逼制造业企业进行绿色创新。尽管环境保护税法对污染物排放征收提供了参考标准，但是考虑到各个省份经济发展状况不一样，应税大气污染物和水污染物的具体适用税额则是由各个省份决定，并且要求具体方案满足大气污染物征收标准为每污染当量 1.2 ~ 12 元，水污染物征收标准为每污染当量 1.4 ~ 14 元。

　　表 7 - 8 确定了中国 31 个省份中的具体环境保护税适用税额标准。可以看出，各个省份主要根据自身经济发展水平和产业结构确定了其环境税率标准，不同省份之间的环境保护税率存在较大差异。其中，京津冀地区、山东省、上海市的环境保护税征收标准最高，大气污染物和水污染物的征收标准都在每污染当量 6 元以上。我国对京津冀地区给予了较高环境质量的目标要求，而上海的产业结构和经济发展水平能够承担较高的环境规制程度。东部发达地区和西部部分省份的征收标准也相对较高，其中四川、贵州、云南、广西等省份也施加了较高的环境税率标准。中部地区正处于工业经济快速发展时期，各个省份对环境保护税征收标准也相对较低，江西省和安徽省采用了最低的征收标准。其中，河南省的征收标准是中部地区最高的省份，大气污染物征收标准为每污染当量 4.8 元，水污染物征收标准为每污染当量 5.6 元。

表 7 - 8　　　　　　　中国 31 个省份环境保护税适用税额标准

分类	东部地区	中部地区	西部地区	分类标准
低标准税额省份	辽宁、福建	江西、安徽、吉林、黑龙江	陕西、甘肃、青海、宁夏、新疆、西藏、陕西	大气污染物和水污染物每污染当量分别为 1.2 元和 1.4 元
适中税额省份	海南、广东、江苏、浙江	河南、湖南、湖北、山西	四川、贵州、云南、广西、重庆	介于之间
较高税额省份	北京、河北、山东、天津、上海	—	—	大气污染物和水污染物每污染当量在 6 元以上

资料来源：根据各省份官方文件手工整理。

环境保护税实施过程中也存在一些问题。区域之间的环境税征收标准存在较大差异，可能会导致绿色发展在省际持续扩大。出于各个地区环境承载能力、环境污染物排放现实情况、经济社会环境发展目标等因素的不同，各个省份实施的差异性的环保税政策本身是合理的。但是可以看出，征税标准的确定是根据各个省份情况确定。一方面，欠发达地区是否会承担国内主要的污染产业，造成新的污染问题；另一方面，企业之间存在异质性，这种欠发达地区设置的税率能够激发绿色技术领先企业继续开展绿色创新活动，实现经济发展绿色崛起。此外，环境保护税的实施给予中小微企业较大的环境成本，如何激发中小微企业应用绿色技术也成了难题。由于我国已经采用关停并转的方式对严重污染的产业和企业进行了治理，鼓励企业边际减排是目前环境治理的科学路径。因此，如何化解中小微企业的环境规制成本，鼓励绿色技术应用创新则成为环境税实施的重要问题。

二、环境税与绿色创新关系的理论分析

早期的外部性理论强调环境税纠正环境外部性的功能，随后环境税逐步被视作驱动企业技术创新的市场激励型规制工具，大量研究聚焦于如何最大化环境税的创新补偿效应。生态资源的开发和利用具有明显的外部性特征，在外部性理论的影响下，对生态环境污染的治理存在两种截然不同的外部性内化路径："庀古税"路径与科斯"产权"路径。英国经济学家庀古（Pigou）在《福利经济学》中最早提出环境税规制能够纠正环境外部性，庀古认为政府可以采取税收形式来对环境污染进行干预，使私人边际成本与社会边际成本相一致。"庀古税"路径纠正环境外部性基础上，环境税逐步被视作驱动企业技术创新的市场激励型规制工具，许多学者认为设计合理的环境税能够激发企业的创新行为，即环境税的规制存在创新补偿效应（Porter and Der Linde, 1995）。许多实证研究表明，环境规制与企业的创新行为不能简单归纳为促进或者削弱，两者具有复杂的关系（涂正革和谌仁俊，2015）。这种复杂关系一定程度上归因于环境规制工具的异质性，市场激励型环境规制对绿色创新的诱导更为突出（Wang and

Shen，2016；蔡乌赶和周小亮，2017）。作为市场激励性环境规制工具，环境税是国内外环境规制政策的重要形式，但环境税诱导企业绿色创新假设成立及其效果周期与其他经济条件以及企业异质性特征密切相关（Requate，2005；孟科学和雷鹏，2017）。如何激发环境税的创新补偿效应成为研究的难点，有学者指出政策工具配套设计和环境税率优化选择是环境税驱动企业技术创新的关键，环境税实施过程中必须通过兼顾其外部性和扭曲性（Ohori，2012；范庆泉等，2016；童健等，2017）。

　　绿色创新作为企业应对环境挑战的一种方式，具有其他传统创新所不具备的双重外部性，兼具创意经济学与环境经济学的学科特征。绿色创新首次被定义为具有商业价值且能明显降低环境影响的新产出，不同学科背景和研究视角对绿色创新概念定义均强调绿色创新改善环境的本质，绿色创新又被称为环境创新。绿色创新是驱动制造业生态化转型的根本动力，绿色发展理念影响下国内外产生了大量关于绿色创新影响因素的文献。创新可以来自技术革新引起的自发行为和市场需求带动的被动行为，但是绿色创新兼具知识溢出与环境改善的双重外部性，企业绿色创新有着更为复杂的驱动机制。实际上，双重外部性导致绿色创新的技术推动和市场拉动效应较弱，绿色创新主要取决于政府、监管机构施加的正式环保的规制压力，专业社团、行业组织形成的行业标的规范压力以及竞争者就不可预知前景的认知压力，绿色创新制度环境的权利结构和成员的互动关系是影响企业绿色创新策略实际贯彻的极其重要的因素（孟科学和雷鹏飞，2017）。企业绿色创新决策同时受到行业内外各利益相关者的重要影响，各种利益相关者和企业一起被置于特定的范围或框架内。

　　环境保护税制度过度依赖庇古税的惩戒机制倒逼企业生态化转型，必须提供一种制度安排有效对冲企业的绿色创新行为所带来的额外成本，才能强化环境保护税的绿色创新效应。绿色创新的特征决定其具有高风险、高投入和长回报周期的特点，而且公众对绿色创新的认知程度存在局限，导致绿色创新不一定能够获得需求者的市场化补偿（陈力田等，2018）。此外，企业往往缺乏以绿色创新解决环境问题的经历和经验，较高的绿色创新成本往往会扼杀企业真实的创新意愿（曹霞和张路蓬，2017）。因此，尽管市场化环境规制的环境保护税存在绿色创新效应，但是依然存在潜在的风险。在《环境保护税法》实施制度背景下，如何破解中部地区产业发展困境和绿色创新的主要障碍因素，探索环境保护税制度及其具体实施细则的优化，为强化环境保护税的绿色创新激励提出具体的思路与建议，是中部地区实现绿色崛起与高质量发展的现实需要。

三、环境保护税绿色创新效应的政策支撑

绿色创新是构建绿色低碳循环经济体系的关键手段，通过产品、流程、技术和系统的改进来提升经济增长的生态效能，降低环境负面影响。对于处于快速发展阶段的中部地区，环境保护税约束下产业发展能否成功实现绿色崛起？要实现这一个目标，要深入贯彻党的十九大精神和绿色发展理念，既要有环境保护税税制体系的具体优化，也要有相应的配套措施。

必须着力于环境保护税及其税制体系的完善优化，强化税收杠杆撬动企业绿色创新的能力。具体来说包括两方面，一方面是要持续优化环境保护税税率、加强环境保护税执法刚性、监测预警环境保护税实施的微观效应以及落实环境保护税专款专用原则等，不断完善环境保护税税制体系，实现绿色技术创新的倒逼机制与激励机制；另一方面，落实中央减费降税的政策措施，降低企业其他税收成本，采用税收优惠方式激励企业减排与绿色技术创新。

必须构建市场导向的绿色技术创新体系，全面发动绿色创新的引擎。经济绿色发展主要依赖于绿色技术创新的激励机制有效运行。为了推动绿色技术进步与创新，既要强化企业在污染治理的技术创新，也要激励其他相关利益主体参与绿色创新活动。加强企业—高校—行业协会—政府之间的合作交流，构建形成以企业为市场主导，多方参与的绿色技术创新体系。

需要配套实施绿色产业发展的政策措施，鼓励企业间竞争发展绿色产业。绿色发展和绿色创新都来源于绿色基础产业的发展，应该给予绿色发展一定的政策配套，从土地、税收、信贷等方面给予支持，鼓励各种形式的资本参与绿色产业投资活动，务实绿色发展的基础，让绿色环保产业成

为绿色经济发展的支柱产业。

　　需要兼顾长期利益与短期现实，协调区域差异和适应企业异质性。在长期坚持日益严格的环境规制政策的总思路，但在短期要考虑欠发达地区和中小企业对于激活经济活力的作用。要遵循潜在比较优势原理，采用一定的支撑政策支持具有潜在比较优势的产业内生发展。

附录 A 中国省域无废城市发展水平测度结果

附表 A－1　　　　　　　省域无废城市发展水平总评分

省份	2003 年	2004 年	2005 年	2006 年	2007 年	2008 年	2009 年	2010 年
北京	0.3572	0.3321	0.3920	0.3494	0.3347	0.3506	0.3578	0.3088
天津	0.3034	0.2729	0.3001	0.3021	0.3324	0.2995	0.3028	0.3225
河北	0.2981	0.2954	0.4605	0.3324	0.3537	0.3149	0.3014	0.3598
山西	0.2718	0.2553	0.2257	0.3227	0.2904	0.3395	0.3400	0.4362
内蒙古	0.1823	0.1897	0.2182	0.2554	0.2727	0.2018	0.2791	0.2536
辽宁	0.3314	0.3653	0.3971	0.3170	0.4485	0.3956	0.2953	0.3030
吉林	0.2703	0.2467	0.2849	0.2642	0.2463	0.2183	0.2442	0.2542
黑龙江	0.2994	0.2753	0.2573	0.2556	0.2607	0.1941	0.2171	0.2322
上海	0.3873	0.4365	0.3302	0.5226	0.4259	0.3964	0.4222	0.3490
江苏	0.5709	0.5128	0.5303	0.5043	0.5853	0.6280	0.5704	0.6504
浙江	0.3892	0.4969	0.5287	0.4330	0.4914	0.4493	0.5050	0.4134
安徽	0.2206	0.1917	0.2112	0.1986	0.2495	0.2441	0.2297	0.2959
福建	0.3591	0.3107	0.3319	0.3150	0.2711	0.2366	0.2985	0.2928
江西	0.2256	0.1455	0.2425	0.2240	0.2060	0.2637	0.2553	0.3222
山东	0.6846	0.6088	0.5754	0.5920	0.5933	0.6032	0.6147	0.5680
河南	0.3925	0.4253	0.4168	0.4141	0.5079	0.4641	0.4027	0.4378
湖北	0.3098	0.2825	0.3134	0.3143	0.2826	0.2670	0.2969	0.3748
湖南	0.2507	0.2654	0.3057	0.2682	0.2909	0.3508	0.2801	0.3784

续表

省份	2003 年	2004 年	2005 年	2006 年	2007 年	2008 年	2009 年	2010 年
广东	0.4555	0.4824	0.5513	0.6008	0.5657	0.6175	0.5416	0.5006
广西	0.1850	0.1784	0.1807	0.1872	0.2698	0.2080	0.2949	0.4255
海南	0.1797	0.1812	0.2325	0.1583	0.2099	0.1928	0.2811	0.2334
重庆	0.1751	0.1909	0.2139	0.1706	0.2058	0.1928	0.1896	0.1964
四川	0.2632	0.2641	0.3088	0.3086	0.3264	0.3034	0.3126	0.2593
贵州	0.1569	0.1539	0.1674	0.1955	0.1972	0.1807	0.3025	0.2269
云南	0.2511	0.2416	0.2495	0.2197	0.2187	0.2654	0.2395	0.2594
西藏	0.1736	0.1187	0.1202	0.1450	0.1691	0.1317	0.1532	0.1567
陕西	0.1718	0.1946	0.2251	0.2485	0.3067	0.2508	0.2671	0.2661
甘肃	0.1850	0.1279	0.1027	0.1372	0.1373	0.1759	0.1853	0.1470
青海	0.1582	0.1724	0.1751	0.1974	0.2018	0.1762	0.1832	0.1844
宁夏	0.1546	0.1375	0.1413	0.1812	0.1466	0.1251	0.1094	0.1711
新疆	0.1864	0.1764	0.2021	0.1987	0.1724	0.1890	0.1835	0.1723

省份	2011 年	2012 年	2013 年	2014 年	2015 年	2016 年	2017 年
北京	0.2775	0.3162	0.3418	0.3613	0.3137	0.2483	0.2215
天津	0.3769	0.3574	0.3170	0.3565	0.3391	0.2263	0.1928
河北	0.3677	0.3687	0.4128	0.4313	0.4110	0.3444	0.3167
山西	0.3197	0.4393	0.4544	0.3634	0.2913	0.1915	0.1627
内蒙古	0.3006	0.2961	0.4749	0.3637	0.3251	0.2274	0.2089
辽宁	0.3940	0.3344	0.2777	0.2829	0.3435	0.1604	0.1605
吉林	0.2151	0.2009	0.2265	0.2296	0.2216	0.1680	0.1422
黑龙江	0.2178	0.2175	0.2191	0.2257	0.2487	0.1614	0.1610
上海	0.2551	0.2779	0.2649	0.3222	0.3100	0.2659	0.5479
江苏	0.6086	0.5899	0.6141	0.5393	0.5576	0.4212	0.5160
浙江	0.4035	0.4052	0.4138	0.4325	0.4382	0.3439	0.2867
安徽	0.2814	0.3326	0.2743	0.3154	0.3267	0.3106	0.2539
福建	0.2650	0.2691	0.2779	0.3051	0.3209	0.2339	0.1836
江西	0.2608	0.2738	0.2752	0.2837	0.2521	0.1735	0.1750

续表

省份	2011 年	2012 年	2013 年	2014 年	2015 年	2016 年	2017 年
山东	0.5722	0.5349	0.4178	0.4628	0.6256	0.3422	0.2845
河南	0.4112	0.3947	0.5190	0.3767	0.4160	0.3055	0.3058
湖北	0.3100	0.3159	0.3245	0.3843	0.3559	0.5346	0.2671
湖南	0.3214	0.3330	0.3048	0.3483	0.2930	0.2181	0.2003
广东	0.4877	0.4901	0.4356	0.5245	0.5295	0.3992	0.3751
广西	0.2703	0.3140	0.2305	0.3815	0.4599	0.2199	0.1795
海南	0.2401	0.2667	0.2155	0.2400	0.1902	0.2420	0.2341
重庆	0.2170	0.2023	0.1958	0.2843	0.2590	0.1777	0.1500
四川	0.2892	0.2934	0.2548	0.3051	0.3006	0.2236	0.2033
贵州	0.3797	0.2401	0.2084	0.2293	0.1877	0.1625	0.1564
云南	0.2216	0.2278	0.2710	0.4153	0.2808	0.2048	0.1816
西藏	0.1297	0.0755	0.1741	0.1439	0.1988	0.1474	0.0895
陕西	0.2520	0.2855	0.2712	0.3281	0.3090	0.2282	0.2055
甘肃	0.1437	0.3600	0.1504	0.1623	0.1719	0.1227	0.1310
青海	0.1859	0.1569	0.1684	0.1837	0.2050	0.1027	0.0931
宁夏	0.1201	0.1370	0.1649	0.2643	0.2001	0.1371	0.1109
新疆	0.1808	0.1482	0.2388	0.1891	0.1753	0.1299	0.1265

附录 B 中国各省市绿色技术创新测度结果

附表 B－1 　　　　　　　我国各省市绿色专利数

省份	2000 年	2001 年	2002 年	2003 年	2004 年	2005 年	2006 年	2007 年	2008 年
北京	805	893	1107	1411	1500	1911	2204	2709	3358
天津	173	199	238	526	714	1007	1131	1270	1124
河北	323	291	342	358	331	423	478	621	656
山西	128	131	116	129	91	142	195	291	320
内蒙古	74	86	105	98	59	112	112	159	173
辽宁	496	536	541	586	612	757	910	1076	1345
吉林	184	169	184	201	234	276	284	381	433
黑龙江	246	259	244	326	340	368	490	681	823
上海	410	947	1080	821	967	1356	1685	2157	3301
江苏	535	573	633	922	880	1273	1734	2297	3080
浙江	358	421	530	790	702	1151	1424	2083	2752
安徽	150	118	120	166	160	220	276	442	441
福建	93	111	146	197	185	269	282	445	545
江西	104	89	78	104	105	137	155	178	247
山东	776	748	727	922	948	1150	1452	2095	2628
河南	271	235	225	315	337	402	510	777	980
湖北	240	274	253	331	341	498	535	784	841
湖南	277	292	283	358	346	433	504	697	927

续表

省份	2000 年	2001 年	2002 年	2003 年	2004 年	2005 年	2006 年	2007 年	2008 年
广东	648	739	886	1024	1261	1930	2504	3524	4467
广西	100	118	105	159	122	182	166	237	313
海南	15	15	26	21	23	31	27	38	61
重庆	105	95	116	177	228	266	347	502	566
四川	247	217	239	333	318	386	528	792	865
贵州	53	63	89	103	60	96	180	249	225
云南	116	159	126	155	151	182	225	288	320
西藏	2	3	4	5	4	7	9	9	10
陕西	145	165	169	218	210	265	325	405	589
甘肃	65	95	64	49	65	84	99	163	171
青海	22	28	20	9	13	12	15	24	29
宁夏	27	25	30	43	15	29	37	61	38
新疆	96	85	84	86	86	84	130	177	226
省份	2009 年	2010 年	2011 年	2012 年	2013 年	2014 年	2015 年	2016 年	2017 年
北京	4498	5574	6846	9010	11134	12892	15198	16240	19754
天津	1258	1455	1893	2643	3270	3828	5391	6886	7247
河北	783	1102	1199	1773	2295	2526	3189	3639	4321
山西	381	616	669	841	1050	1190	1274	1271	1418
内蒙古	178	234	319	344	604	515	682	707	962
辽宁	1442	1826	2085	2741	3231	3561	3675	3493	3961
吉林	476	596	591	826	874	928	1171	1174	1547
黑龙江	859	913	1044	1367	1681	1829	2257	2270	2455
上海	3541	4579	5947	7838	8401	8827	9655	10016	12038
江苏	4263	7353	10456	16602	20709	21840	25709	27056	31878
浙江	3373	5355	6861	9956	13606	12523	16405	18206	19496
安徽	641	1143	1983	3325	4515	5754	8147	9752	12105
福建	800	1160	1629	2349	2700	2895	4540	6130	6267
江西	319	458	599	777	989	1120	1814	2216	2853

省份	2009 年	2010 年	2011 年	2012 年	2013 年	2014 年	2015 年	2016 年	2017 年
山东	2995	4147	5312	6955	8940	10303	12927	13303	14788
河南	1126	1441	1849	2671	3193	3691	4716	4999	5950
湖北	1132	1552	1838	2420	3314	3834	4737	5870	7743
湖南	872	1345	1696	2399	3031	3301	4093	4369	5226
广东	5262	7184	9002	12119	14420	17490	23326	26894	38987
广西	297	396	509	959	1366	2185	3435	3091	4144
海南	68	111	111	217	234	248	271	288	371
重庆	666	983	1341	1980	2334	2499	3813	4550	4590
四川	1010	1571	2036	3028	4242	4634	6713	7803	9070
贵州	243	281	397	648	829	894	1459	1258	1603
云南	425	509	622	842	1045	1178	1467	1620	1872
西藏	12	15	18	26	20	24	24	29	78
陕西	851	1096	1457	2121	3015	3556	4308	4139	4113
甘肃	202	271	397	531	706	769	839	1003	1138
青海	48	53	47	52	75	137	173	195	253
宁夏	50	50	93	117	228	344	299	341	585
新疆	209	298	356	423	660	643	830	789	982

参 考 文 献

[1] 鲍克、夏友富：《载体型产业空间与中国经济成长——论 30 年科技工业园区与经济转型中的发展》，载《管理世界》2008 年第 7 期。

[2] 蔡乌赶、周小亮：《中国环境规制对绿色全要素生产率的双重效应》，载《经济学家》2017 年第 9 期。

[3] 曹霞、张路蓬：《环境规制下企业绿色技术创新的演化博弈分析——基于利益相关者视角》，载《系统工程》2017 年第 2 期。

[4] 陈瑛、滕婧杰、赵娜娜、王芳：《"无废城市"试点建设的内涵、目标和建设路径》，载《环境保护》2019 年第 9 期。

[5] 陈诗一：《节能减排与中国工业的双赢发展：2009 - 2049》，载《经济研究》2010 年第 3 期。

[6] 陈超凡：《中国工业绿色全要素生产率及其影响因素——基于 ML 生产率指数及动态面板模型的实证研究》，载《统计研究》2016 年第 3 期。

[7] 陈力田、朱亚丽、郭磊：《多重制度压力下企业绿色创新响应行为动因研究》，载《管理学报》2018 年第 5 期。

[8] 杜挺、谢贤健、梁海艳、黄安、韩全芳：《基于熵权 TOPSIS 和 GIS 的重庆市县域经济综合评价及空间分析》，载《经济地理》2014 年第 6 期。

[9] 范庆泉、周县华、刘净然：《碳强度的双重红利：环境质量改善与经济持续增长》，载《中国人口·资源与环境》2015 年第 6 期。

[10] 范庆泉、周县华、张同斌：《动态环境税外部性、污染累积路径与长期经济增长——兼论环境税的开征时点选择问题》，载《经济研究》2016 年第 8 期。

[11] 冯薇：《产业集聚与生态工业园的建设》，载《中国人口·资源

与环境》2006 年第 3 期。

[12] 傅京燕、赵春梅：《环境规制会影响污染密集型行业出口贸易吗？——基于中国面板数据和贸易引力模型的分析》，载《经济学家》2014 年第 2 期。

[13] 宓泽锋、曾刚、尚勇敏、陈思雨、朱菲菲：《中国省域生态文明建设评价方法及空间格局演变》，载《经济地理》2016 年第 4 期。

[14] 干春晖、郑若谷：《中国工业生产绩效：1998 - 2007——基于细分行业的推广随机前沿生产函数的分析》，载《财经研究》2009 年第 6 期。

[15] 关兴良、魏后凯、鲁莎莎、邓羽：《中国城镇化进程中的空间集聚、机理及其科学问题》，载《地理研究》2016 年第 2 期。

[16] 郭俊杰、方颖、杨阳：《排污费征收标准改革是否促进了中国工业二氧化硫减排》，载《世界经济》2019 年第 1 期。

[17] 胡安军、郭爱君、钟方雷、王祥兵：《高新技术产业集聚能够提高地区绿色经济效率吗？》，载《中国人口·资源与环境》2018 年第 9 期。

[18] 黄群慧、贺俊：《中国制造业的核心能力、功能定位与发展战略——兼评《中国制造 2025》，载《中国工业经济》2015 年第 6 期。

[19] 黄向岚、张训常、刘晔：《我国碳交易政策实现环境红利了吗？》，载《经济评论》2018 年第 6 期。

[20] 环境保护部环境监察局：《中国排污收费制度 30 年回顾及经验启示》，载《环境保护》2009 年第 20 期。

[21] 孔群喜、陈慧、倪晔惠：《中国企业 OFDI 逆向技术溢出如何提升绿色技术创新——基于长江经济带的经验证据》，载《贵州财经大学学报》2019 年第 4 期。

[22] 李瑜琴、赵景波：《榆林市工业"三废"污染及其治理对策》，载《干旱区资源与环境》2005 年第 1 期。

[23] 李平：《中国工业绿色转型研究》，载《中国工业经济》2011 年第 4 期。

[24] 李斌、彭星、欧阳铭珂：《环境规制、绿色全要素生产率与中国工业发展方式转变——基于 36 个工业行业数据的实证研究》，载《中国

工业经济》2013 年第 4 期。

[25] 李金凯、程立燕、张同斌：《外商直接投资是否具有"污染光环"效应?》，载《中国人口·资源与环境》2017 年第 10 期。

[26] 李小平、朱钟棣：《中国工业行业的全要素生产率测算——基于分行业面板数据的研究》，载《管理世界》2005 年第 4 期。

[27] 李婉红：《排污费制度驱动绿色技术创新的空间计量检验——以 29 个省域制造业为例》，载《科研管理》2015 年第 6 期。

[28] 刘奕、夏杰长、李垚：《生产性服务业集聚与制造业升级》，载《中国工业经济》2017 年第 7 期。

[29] 刘晔、张训常：《环境保护税的减排效应及区域差异性分析——基于我国排污费调整的实证研究》，载《税务研究》2018 年第 2 期。

[30] 刘勇：《园区经济循环与低碳的冲突与协调——基于对贵港国家生态工业园的案例研究》，载《福建论坛（人文社会科学版）》2015 年第 10 期。

[31] 陆长平、刘伟明：《工业园区效率评价模型的构建与实证——以江西国家级工业园区为例》，载《江西社会科学》2016 年第 5 期。

[32] 林伯强、杜克锐：《要素市场扭曲对能源效率的影响》，载《经济研究》2013 年第 9 期。

[33] 林毅夫、向为、余淼杰：《区域型产业政策与企业生产率》，载《经济学（季刊）》2018 年第 2 期。

[34] 陆剑、柳剑平、程时雄：《中国与 OECD 主要国家工业行业技术差距的动态测度》，载《世界经济》2014 年第 9 期。

[35] 卢洪友、刘啟明、徐欣欣、杨娜娜：《环境保护税能实现"减污"和"增长"么?——基于中国排污费征收标准变迁视角》，载《中国人口·资源与环境》2019 年第 6 期。

[36] 马丽梅、史丹、裴庆冰：《国家能源低碳转型与可再生能源发展：限制因素、供给特征与成本竞争力比较》，载《经济社会体制比较》2018 年第 5 期。

[37] 孟科学、雷鹏飞：《企业生态创新的组织场域、组织退耦与环境政策启示》，载《经济学家》2017 年第 2 期。

［38］庞瑞芝、李鹏：《中国新型工业化增长绩效的区域差异及动态演进》，载《经济研究》2011年第11期。

［39］秦昌波等：《征收环境税对经济和污染排放的影响》，载《中国人口·资源与环境》2015年第1期。

［40］申晨、贾妮莎、李炫榆：《环境规制与工业绿色全要素生产率——基于命令—控制型与市场激励型规制工具的实证分析》，载《研究与发展管理》2017年第2期。

［41］沈可挺、龚健健：《环境污染、技术进步与中国高耗能产业——基于环境全要素生产率的实证分析》，载《中国工业经济》2011年第12期。

［42］师博、沈坤荣：《政府干预、经济集聚与能源效率》，载《管理世界》2013年第10期。

［43］宋叙言、沈江：《基于主成分分析和集对分析的生态工业园区生态绩效评价研究——以山东省生态工业园区为例》，载《资源科学》2015年第3期。

［44］孙焱林、何莲、温湖炜：《异质性视角下中国省域碳排放效率及其影响因素研究》，载《工业技术经济》2016年第4期。

［45］孙焱林、温湖炜、周凤秀：《省域异质性视角下中国能源绩效的测算与分析》，载《干旱区资源与环境》2016年第12期。

［46］孙毅、景普秋：《资源型区域绿色转型模式及其路径研究》，载《中国软科学》2012年第12期。

［47］孙永明、李国学、张夫道、施晨璐、孙振钧：《中国农业废弃物资源化现状与发展战略》，载《农业工程学报》2005年第8期。

［48］孙早、侯玉琳：《工业智能化如何重塑劳动力就业结构》，载《中国工业经济》2019年第5期。

［49］盛丹、张国峰：《两控区环境管制与企业全要素生产率增长》，载《管理世界》2019年第2期。

［50］田金平、刘巍、李星、赖玢洁、陈吕军：《中国生态工业园区发展模式研究》，载《中国人口·资源与环境》2012年第7期。

［51］童健、武康平、薛景：《我国环境财税体系的优化配置研究——兼论经济增长和环境治理协调发展的实现途径》，载《南开经济研究》

2017 年第 6 期。

　　[52] 涂正革、肖耿:《中国的工业生产力革命——用随机前沿生产模型对中国大中型工业企业全要素生产率增长的分解及分析》,载《经济研究》2005 年第 3 期。

　　[53] 涂正革、谌仁俊、韩生贵:《中国区域二氧化碳排放增长的驱动因素——工业化、城镇化发展的视角》,载《华中师范大学学报 (人文社会科学版)》2015 年第 1 期。

　　[54] 涂正革:《工业二氧化硫排放的影子价格:一个新的分析框架》,载《经济学 (季刊)》2010 年第 1 期。

　　[55] 王兵、刘光天:《节能减排与中国绿色经济增长——基于全要素生产率的视角》,载《中国工业经济》2015 年第 5 期。

　　[56] 王兵、杨华、朱宁:《中国各省份农业效率和全要素生产率增长——基于 SBM 方向性距离函数的实证分析》,载《南方经济》2011 年第 10 期。

　　[57] 王兵、聂欣:《产业集聚与环境治理:助力还是阻力——来自开发区设立准自然实验的证据》,载《中国工业经济》2016 年第 12 期。

　　[58] 王飞成、郭其友:《经济增长对环境污染的影响及区域性差异——基于省际动态面板数据模型的研究》,载《山西财经大学学报》2014 年第 4 期。

　　[59] 王永进、张国峰:《开发区生产率优势的来源:集聚效应还是选择效应?》,载《经济研究》2016 年第 7 期。

　　[60] 王杰、刘斌:《环境规制与企业全要素生产率——基于中国工业企业数据的经验分析》,载《中国工业经济》2014 年第 3 期。

　　[61] 王明远:《"循环经济"概念辨析》,载《中国人口·资源与环境》2005 年第 6 期。

　　[62] 王鹏、谢丽文:《污染治理投资、企业技术创新与污染治理效率》,载《中国人口·资源与环境》2014 年第 9 期。

　　[63] 魏月如:《绿色创新驱动下制造业绿色转型的税收政策影响》,载《改革与战略》2018 年第 1 期。

　　[64] 温湖炜、周凤秀:《环境规制与中国省域绿色全要素生产率——

兼论对〈环境保护税法〉实施的启示》，载《干旱区资源与环境》2019年第2期。

[65] 温湖炜：《中国企业对外直接投资能缓解产能过剩吗——基于中国工业企业数据库的实证研究》，载《国际贸易问题》2017年第4期。

[66] 吴志军：《我国生态工业园区发展研究》，载《当代财经》2007年第11期。

[67] 谢家平、孔令丞：《基于循环经济的工业园区生态化研究》，载《中国工业经济》2005年第4期。

[68] 徐现祥、周吉梅、舒元：《中国省区三次产业资本存量估计》，载《统计研究》2007年第5期。

[69] 徐盈之、朱依曦：《基于随机前沿模型的中国制造业全要素生产率研究》，载《统计与决策》2009年第23期。

[70] 徐保昌、谢建国：《排污征费如何影响企业生产率：来自中国制造业企业的证据》，载《世界经济》2016年第8期。

[71] 徐彦坤、祁毓：《环境规制对企业生产率影响再评估及机制检验》，载《财贸经济》2017年第6期。

[72] 杨志江、文超祥：《中国绿色发展效率的评价与区域差异》，载《经济地理》2017年第3期。

[73] 闫文娟、钟茂初：《中国式财政分权会增加环境污染吗》，载《财经论丛（浙江财经大学学报）》2012年第3期。

[74] 闫二旺、田越：《中国特色生态工业园区的循环经济发展路径》，载《经济研究参考》2016年第39期。

[75] 姚从容、田旖卿、陈星、陈殷、黄悦、梁文婉、陈天生：《中国城市电子废弃物回收处置现状——基于天津市的调查》，载《资源科学》2009年第5期。

[76] 原毅军、谢荣：《FDI、环境规制与中国工业绿色全要素生产率增长——基于Luenberger指数的实证研究》，载《国际贸易问题》2015年第8期。

[77] 袁航、朱承亮：《国家高新区推动了中国产业结构转型升级吗》，载《中国工业经济》2018年第8期。

［78］元炯亮：《生态工业园区评价指标体系研究》，载《环境保护》2003 年第 3 期。

［79］于连超、张卫国、毕茜：《环境税对企业绿色转型的倒逼效应研究》，载《中国人口·资源与环境》2019 年第 7 期。

［80］曾悦、商婕：《生态工业园区绿色发展水平趋势预测及驱动力研究》，载《福州大学学报（自然科学版）》2017 年第 2 期。

［81］张成、陆旸、郭路、于同申：《环境规制强度和生产技术进步》，载《经济研究》2011 年第 2 期。

［82］张同斌：《提高环境规制强度能否"利当前"并"惠长远"》，载《财贸经济》2017 年第 3 期。

［83］张友国、郑玉歆：《碳强度约束的宏观效应和结构效应》，载《中国工业经济》2014 年第 6 期。

［84］张颖、张小丹：《固体废物的资源化和综合利用技术》，载《环境科学研究》1998 年第 3 期。

［85］张娟、耿弘、徐功文、陈健：《环境规制对绿色技术创新的影响研究》，载《中国人口·资源与环境》2019 年第 1 期。

［86］赵延东、张文霞：《集群还是堆积——对地方工业园区建设的反思》，载《中国工业经济》2008 年第 1 期。

［87］左晓利、李慧明：《生态工业园理论研究与实践模式》，载《科技进步与对策》2012 年第 7 期。

［88］周晓红、赵景波：《咸阳市工业三废对环境的污染及其防治》，载《干旱区资源与环境》2004 年第 6 期。

［89］张占仓、盛广耀、李金惠、徐林：《无废城市建设：新理念新模式 新方向》，载《区域经济评论》2019 年第 3 期。

［90］Alvarez, Antonio, Corral D, et al. Modeling Regional Heterogeneity with Panel Data: Application to Spanish Provinces ［C］. *Efficiency Series Papers*, 2006.

［91］Aigner D, Lovell C A K, Schmidt P. Formulation and estimation of stochastic frontier production function models ［J］. *Journal of Econometrics*, 1977, 6 (1): 21 –37.

[92] Ashton W. Understanding the Organization of Industrial Ecosystems [J]. *Journal of Industrial Ecology*, 2008, 12 (1): 34 –51.

[93] Bosquet B. Environmental tax reform: does it work? A survey of the empirical evidence [J]. *Ecological Economics*, 2000, 34 (3): 19 –32.

[94] BatteseG E, Coelli T J. Frontier production functions, technical efficiency and panel data: with application to paddy farmers in india [J]. *Journal of Productivity Analysis*, 1992, 3 (1), 153 –169.

[95] Battese G E, Coelli T J. A Model for Technical Inefficiency Effects in a Stochastic Frontier Production Function for Panel Data [J]. *Empirical Economics*, 1995, 20 (2): 325 –332.

[96] Baltagi B H. Econometric Analysis of Panel Data, 4th Edition [J]. *Econometric Theory*, 2013, (5): 747 –754.

[97] Bertrand M, Duflo E, Mullainathan S. How Much Should We Trust Differences-in – Differences Estimates? [J]. *Quarterly Journal of Economics*, 2004, 119 (1): 249 –275.

[98] Chen Y Y, Schmidt P, Wang H J. Consistent estimation of the fixed effects stochastic frontier model [J] . *Journal of Econometrics*, 2014, 181 (2): 65 –76.

[99] Chertow M R. Indusrial symbiosis: literature and taxonomy [J]. *Annual Review of Energy & the Environment*, 2000, 25 (1): 313 –337.

[100] Chung Y H, Färe R, Grosskopf S. Productivity and Undesirable Outputs: A Directional Distance Function Approach [J] . *Microeconomics*, 1997, 51 (3): 229 –240.

[101] Cornwell C, Schmidt P, Sickles R C. Production frontiers with cross-sectional and time-series variation in efficiency levels [J] . *Journal of Econometrics*, 2010, 46 (1 – 2): 185 –200.

[102] Colombi R, Kumbhakar S C, Martini G. Closed-skew normality in stochastic frontiers with individual effects and long/short-run efficiency [J] . *Journal of Productivity Analysis*, 2014, 42 (2): 123 –136.

[103] Duc T A, Vachaud G, Bonnet M P, et al. Experimental investiga-

tion and modelling approach of the impact of urban wastewater on a tropical river: a case study of the Nhue River, Hanoi, Viet Nam [J]. *Journal of Hydrology*, 2007, 334 (3 - 4): 347 - 358.

[104] Enrenfeld J. Putting the Spotlight on Metaphors and Analogies in Industrial Ecology [J]. *Journal of Industrial Ecology*, 2003, 7 (1): 1 - 4.

[105] Emvalomatis G. Adjustment and unobserved heterogeneity in dynamic stochastic frontier models [J]. *Journal of Productivity Analysis*, 2012, 37 (37): 7 - 16.

[106] Fan Y, Bai B, Qiao Q, et al. Study on eco-efficiency of industrial parks in China based on data envelopment analysis. [J]. *Journal of Environmental Management*, 2017, 192: 107 - 115.

[107] Färe R, Grosskopf S, Pasurka C A. Environmental production functions and environmental directional distance functions [J]. *Energy*, 2007, 32 (7): 1055 - 1066.

[108] Frosch, Robert A. Gallopoulos, Nicholas E. Strategies for Manufacturing [J]. *Scientific American*, 1989, 261 (4): 601 - 602.

[109] Fukuyama H, Weber W L. A directional slacks-based measure of technical inefficiency [J]. *Socio - Economic Planning Sciences*, 2010, 43 (4): 274 - 287.

[110] Giugliano M, Grosso M, Rigamonti L. Energy recovery from municipal waste: a case study for a middle-sized Italian district [J]. *Waste Management*, 2006, 28 (1): 39 - 50.

[111] Gray W B, Shadbegian R J. Environmental Regulation, Investment Timing, and Technology Choice [J]. *Journal of Industrial Economics*, 1998, 46 (2): 235 - 256.

[112] Greene W. Fixed and random effects in stochastic frontier models [J]. *Journal of Productivity Analysis*, 2004, 23 (1), 7 - 32.

[113] Greene W. Reconsidering heterogeneity in panel data estimators of the stochastic frontier model [J]. *Journal of Econometrics*, 2005, 126 (2): 269 - 303.

[114] Greene W H. A Gamma – Distributed Stochastic Frontier Model [J]. *Journal of Econometrics*, 1990, 46 (1 –2): 141 –163.

[115] Hamamoto M. Environmental regulation and the productivity of Japanese manufacturing industries [J]. *Resource and energy economics*, 2006, 28 (4): 299 –312.

[116] Ko S C. *Eco – Industrial Park (EIP) Initiatives Toward Green Growth: Lessons from Korean Experience* [M]. Technopolis, Springer London, 2014: 357 –369.

[117] KrugmanP. Space: The Final Frontier [J]. *Journal of Political Economy*, 1998, 12 (2): 161 –174.

[118] Kumbhakar S C, Heshmati A. Efficiency measurement in swedish dairy farms: an application of rotating panel data, 1976 – 88 [J]. *American Journal of Agricultural Economics*, 1995, 77 (3), 660 –674.

[119] Kumbhakar S C, Lovell C. *Stochastic Frontier Analysis* [M]. Cambridge University Press, 2002.

[120] Kumbhakar S C. Production frontiers, panel data, and time-varying technical inefficiency [J]. *Journal of Econometrics*, 1990, 46 (1 –2): 201 –211.

[121] Kumbhakar S C, Lien G, Hardaker J B. Technical efficiency in competing panel data models: a study of Norwegian grain farming [J]. *Journal of Productivity Analysis*, 2012, 41 (2): 321 –337.

[122] Lambert A J D, Boons F A. Eco-industrial parks: stimulating sustainable development in mixed industrial parks [J]. *Technovation*, 2002, 22 (8): 471 –484.

[123] Lanoie P, Patry M, Lajeunesse R. Environmental regulation and productivity: testing the porter hypothesis [J]. *Journal of Productivity Analysis*, 2008, 30 (2): 121 –128.

[124] Li H, Shi J F. Energy efficiency analysis on Chinese industrial sectors: an improved Super – SBM model with undesirable outputs [J]. *Journal of Cleaner Production*, 2014, 65 (4): 97 –107.

[125] Liu W, Tian J, Chen L. Greenhouse gas emissions in China's eco-industrial parks: a case study of the Beijing Economic Technological Development Area [J]. *Journal of Cleaner Production*, 2014, 66: 384 – 391.

[126] Nunn N. , Qian N. , 2011. The impact of potatoes on old world population and urbanization. Q. J. Econ. 126 (2), 593 – 650.

[127] Oh D H. A global Malmquist – Luenberger productivity index [J]. *Journal of productivity analysis*, 2010, 34 (3): 183 – 197.

[128] Ohori S. Environmental tax and public ownership in vertically related markets [J]. *Journal of Industry, Competition and Trade*, 2012, 12 (2): 169 – 176.

[129] Parmeter C. F. Efficiency Analysis: A Primer on Recent Advances [J]. *Foundations & Trends in Econometrics*, 2014, 7 (3 – 4): 191 – 385.

[130] Porter M E, Van d L C. Green and Competitive: Ending the Stalemate [J]. *Harvard Business Review*, 2011, 28 (6): 128 – 129 (2) .

[131] Porter M E, Der Linde C V. Toward a New Conception of the Environment – Competitiveness Relationship [J]. *Journal of Economic Perspectives*, 1995, 9 (4), 97 – 118.

[132] Requate T. Dynamic incentives by environmental policy instruments—a survey [J]. *Ecological economics*, 2005, 54 (2 – 3): 175 – 195.

[133] Schmidt P, Sickles R C. Production Frontiers and Panel Data [J]. *Journal of Business & Economic Statistics*, 1984, 2 (4): 367 – 74.

[134] Telle K, Larsson J. Do environmental regulations hamper productivity growth? How accounting for improvements of plants' environmental performance can change the conclusion [J]. *Ecological Economics*, 2007, 61 (2 – 3): 438 – 445.

[135] Tian J, Liu W, Lai B, et al. Study of the performance of eco-industrial park development in China [J]. *China Population Resources & Environment*, 2012, 64 (2): 486 – 494.

[136] Tone K. Dealing with Undesirable Outputs in DEA: a Slacks—based Measure (SBM) Approach [C]. *North American Productivity Workshop*

2004, Toronto, 23 – 25 June 2004, 44 – 45.

［137］Tsionas E. G. Inference in dynamic stochastic frontier models ［J］. *Journal of Applied Econometrics*, 2006, 21（5）: 669 – 676.

［138］Verhoef E T, Nijkamp P. Externalities in urban sustainability: environmental versus localization-type agglomeration externalities in a general spatial equilibrium model of a single-sector monocentric industrial city ［J］. *Ecological Economics*, 2002, 40（2）: 157 – 179.

［139］Virkanen J. Effect of urbanization on metal deposition in the bay of Töölönlahti, Southern Finland ［J］. *Marine Pollution Bulletin*, 1998, 36（9）: 729 – 738.

［140］Wang H J, Schmidt P. One – Step and Two – Step Estimation of the Effects of Exogenous Variables on Technical Efficiency Levels ［J］. *Journal of Productivity Analysis*, 2001, 18（2）: 129 – 144.

［141］Wang H J, Ho C W. Estimating fixed-effect panel stochastic frontier models by model transformation ［J］. *Journal of Econometrics*, 2010, 157（2）: 286 – 296.

［142］Wang Y, Shen N. Environmental regulation and environmental productivity: The case of China ［J］. *Renewable & Sustainable Energy Reviews*, 2016, 62: 758 – 766.

［143］Wang J. The economic impact of Special Economic Zones: Evidence from Chinese municipalities ［J］. *Journal of Development of Economics*, 2013, 101（1）: 133 – 147

［144］Yang Z, Fan M, Shao S, et al. Does carbon intensity constraint policy improve industrial green production performance in China? A quasi – DID analysis ［J］. *Energy Economics*, 2017: 271 – 282.

［145］Young A. Gold Into Base Metals: Productivity Growth in the People's Republic of China During the Reform Period ［J］. *Journal of Political Economy*, 2003, 111（6）: 1220 – 1261.

［146］Zaman A U. A comprehensive review of the development of zero waste management: lessons learned and guidelines ［J］. *Journal of Cleaner Pro-*

duction, 2015, 91 (6): 12 –25.

[147] Zaman A U, Lehman S. The zero waste index: a performance measurement tool for waste management systems in a 'zero waste city' [J]. *Journal of Cleaner Production*, 2013, 50 (13): 123 –132.

[148] Zheng J H, Hu A. An Empirical Analysis of Provincial Productivity in China (1979 – 2001) [J]. *Journal of Chinese Economic & Business Studies*, 2006, 4 (3): 221 –239.

后　记

　　这本书是将我一直关于环境保护政策研究的主要成果集册出版，理解环境政策的经济影响有着非常重要的现实意义，出版这本书也是对于我前期研究的一些总结。当然，这些研究是在环境保护领域一些早期的尝试，一些成果已经在学术期刊上发表，有一些则没有投稿发表，但我认为每一部分都代表着一个小领域的思考，这本书的出版必然也会指引我开展更深入的研究。

　　特别感谢江西师范大学商学院周凤秀老师、华中科技大学硕士研究生沈亭儒以及南昌大学经济管理学院本科生钟启明、吕风作为合作者对相关研究作出的贡献。当然，也感谢华中科技大学经济学院博士生导师孙焱林教授关于部分内容的指导，感谢我的博士同门关于研究方法的指导与帮助。本书的第一章是在孙焱林教授、李华磊博士的指导下完成，第二章和第五章是与周凤秀博士一起完成并发表了相关论文，第三章是在我的指导下主要由沈亭儒同学撰写完成，经济管理学院会计专业的钟启明同学参与第四章的部分撰写工作，经济管理学院经济学专业的吕风同学参与了第六章撰写的工作。在写作过程中参阅了国内大量相关研究成果并在书后列出了主要参考文献，在此表示衷心的谢意，由于涉及文献较多，或有遗漏，亦请谅解。

　　借本书付梓出版之际，感谢南昌大学经济管理学院与江西省高校人文社科重点研究基地项目的资助。本书的出版得到 2019 年江西省高校人文社会科学重点研究基地项目"《环境保护税法》实施下中部地区制造业生态创新的评价、障碍因素与对策研究"（项目批准号：JD18016）的资助，特此感谢！

温湖炜于南昌

2020 年 8 月 19 日